Sitzungsberichte
der Akademie der Wissenschaften
der DDR
Mathematik – Naturwissenschaften – Technik

25 N
1980

Zur Würdigung von J. J. Berzelius, A. Kekulé und F. Wöhler

AKADEMIE-VERLAG · BERLIN

Sitzungsberichte
der Akademie der Wissenschaften
der DDR
Mathematik — Naturwissenschaften — Technik

Jahrgang 1980 · Nr. 25/N

Zur Würdigung von J. J. Berzelius, A. Kekulé und F. Wöhler

AKADEMIE-VERLAG · BERLIN
1982

Vorträge gehalten auf dem wissenschaftlichen Kolloquium am 25. 10. 1979, veranstaltet vom Institut für Theorie, Geschichte und Organisation der Wissenschaft und der Klasse Chemie der AdW der DDR sowie der Arbeitsgemeinschaft „Geschichte der Chemie" der Chemischen Gesellschaft der DDR, und in der Sitzung der Klasse Chemie am 4. 5. 1978.

Herausgegeben im Auftrage des Präsidenten der Akademie der Wissenschaften der DDR von Vizepräsident Prof. Dr. Heinrich Scheel

ISSN 0138-3956
Erschienen im Akademie-Verlag, 1080 Berlin, Leipziger Str. 3-4

Lizenznummer: 202 · 100/553/82
Gesamtherstellung: VEB Druckhaus Köthen
Bestellnummer: 762 922 8 (2010/80/25/N) · LSV 1204
Printed in GDR
DDR 7,50 M

Inhalt

Günter Kröber

Vorwort

Am 20. August 1979 jährte sich zum 200. Male der Geburtstag des bedeutenden schwedischen Chemikers Jöns Jakob BERZELIUS und am 7. September zum 150. Male der des Begründers der Strukturtheorie in der organischen Chemie Friedrich August KEKULÉ. Aus diesem Anlaß veranstaltete das Institut für Theorie, Geschichte und Organisation der Wissenschaft gemeinsam mit der Klasse Chemie der Akademie der Wissenschaften der DDR und der Arbeitsgemeinschaft „Geschichte der Chemie" der Chemischen Gesellschaft der DDR am 25. Oktober 1979 ein wissenschaftshistorisches Kolloquium.

Beide Chemiker verbindet der chronologische Zufall, daß ihre Geburtsdaten um genau ein halbes Jahrhundert differieren und damit ihre Jubiläen immer im gleichen Jahr aktuell werden. Indes ist es nicht dieser Zufall allein, der uns ihrer zusammen gedenken läßt. Beide sind vor allem dadurch verbunden, daß die wichtigsten Leistungen beider in den Magistrallinien des chemischen Denkens im 19. Jahrhundert zu finden sind: in der chemischen Atomistik und in der auf sie gegründeten Strukturtheorie.

Lebensweg und Werk beider Gelehrter bezeugen auch auf eindrucksvolle Weise die Internationalität des Erkenntnisfortschritts, die völkerverbindende Kraft der Wissenschaft. Der geniale Systematiker und Experimentator BERZELIUS, aufgewachsen in der geistigen Atmosphäre eines wissenschaftszugewandten Landes, dessen Akademie mit den Erkenntnissen von Forschern wie SCHEELE und LINNÉ Weltruf erlangt hatte, vervollständigte seine Kenntnisse in den Zentren der Weltwissenschaft, in England und Frankreich. Was er empfangen hatte, gab er der europäischen Wissenschaft vervielfacht zurück. Auch die Entwicklung der Chemie in *Deutschland* verdankt ihm vieles: unter den relativ wenigen, aber sorgfältig ausgewählten Schülern, die er in sein Stockholmer Laboratorium aufnahm, waren GMELIN, MITSCHERLICH und WÖHLER! Im Jahre 1819, als der junge MITSCHERLICH den Isomorphismus der Kristalle entdeckt hatte, lernte ihn BERZELIUS – damals schon sieben Jahre Korrespondierendes Mitglied unserer Akademie – in Berlin kennen. BERZELIUS erkannte sofort die eminente Begabung MITSCHERLICHS, empfahl ihn als Nachfolger für den Lehrstuhl von KLAPROTH, dem 1817 verstorbenen ersten Ordinarius für Chemie an der Berliner Universität, tat aber noch ein übriges und lud den jungen Wissenschaftler zu sich nach Stockholm ein, damit er seine Kenntnisse, wie wir heute sagen würden, auf Welthöchststand bringen könnte. So danken wir dem persönlichen Eingreifen Berzelius' einen wesentlichen Entwicklungsschritt der Berliner Chemie. Doch das Geben und Nehmen war – wie in jedem echten Lehrer-Schüler-Verhältnis — wechselseitig, wie ja Berzelius überhaupt mit seinen früheren Schülern *auch* bei tiefgehenden Differenzen der wissenschaftlichen Ansichten eine ausgedehnte und anregende Korrespondenz pflegte. Mitscherlichs Erkenntnisse über den Isomorphismus waren für Berzelius wiederum ein Mittel, um in den 20er Jahren seine berühmte Atommassentabelle wesentlich zu präzisieren.

Diese Episode aus der Geschichte der schwedisch-deutschen Wissenschaftsbeziehungen zeigt den guten historischen Boden, auf dem sich heute unsere Arbeitskontakte mit der Schwedischen Akademie der Wissenschaften entwickeln. Wir haben hier ein *großes* Erbe weiterzuführen.

Die fünfzig Jahre, die zwischen den Geburtsdaten von Berzelius und Kekulé liegen, waren eine Zeit bedeutenden Aufschwungs der chemischen Industrie ebenso wie der chemisch-experimentellen Untersuchungen, zu deren Methodik Berzelius gewiß nicht weniger beigetragen hat als zur theoretischen Systematik des chemischen Wissens. Es ist ja bekannt, daß Berzelius selbst eine ganze Reihe von Experimentiergeräten und Zubehör wie die Spritzflasche, den Spiritusbrenner oder Papierfilter eingeführt hatte, die später in jedem Laboratorium selbstverständlich benutzt wurden. Zur Zeit Kekulés waren schon tausende von organischen Verbindungen bekannt; sie bedurften nicht nur einer griffigen Systematik, die einen leichten Überblick gestattete, sondern einer auf theoretische Einsichten in ihren Bau gegründeten Klassifikation, mit deren Mitteln sich bekannte Synthesen deuten und neue Synthesemöglichkeiten entwerfen ließen. Ein solches theoretisches Werkzeug brauchte die organische Synthesechemie, insbesondere – aber keineswegs nur – mit dem Aufschwung der Teerfarbenindustrie. Mit seinen generellen Beiträgen zur Strukturtheorie, seinen Hypothesen über die Vierwertigkeit des Kohlenstoffs und die Verkettung der Kohlenstoffatome, seiner Benzolformel und seinen Beiträgen zur Theorie der Reaktionen aromatischer Verbindungen tat Kekulé sehr vieles, um den Chemikern dieses Werkzeug zu geben. Widmete Berzelius sein Lebenswerk in erster Linie der Bestätigung der chemischen Atomistik und ihrem Ausbau zu einer arbeitsfähigen Theorie, so konnte Kekulé auf dieser inzwischen weitgehend gesicherten Grundlage – ausgehend von der Typenlehre Gerhardts und deren Unzulänglichkeiten überwindend – an einer leistungsfähigen Strukturtheorie für organische Verbindungen arbeiten. Von ihm führt über seinen Schüler van't Hoff ein direkter Weg zur Stereochemie; seine Ansichten sind keineswegs so weit von denen Butlerows entfernt, wie es früher mitunter dargestellt wurde; seine Arbeiten enthalten weitreichende Vermutungen, die beispielsweise die Ideen der späteren Theorie des Übergangskomplexes antizipieren.

Es ist nicht Aufgabe dieser einleitenden Worte, die Leistungen von BERZELIUS und KEKULÉ auch nur in Stichpunkten zu überschauen. Es sollen aber in wenigen Worten, ohne den Versuch vordergründiger Nutzanwendung, einige Akzente gesetzt werden, die aus wissenschaftstheoretischer Sicht aktuell bedenkenswert zu sein scheinen. Ein typologischer Vergleich zwischen BERZELIUS und KEKULÉ würde gewiß mehr *Unterschiede* als Ähnlichkeiten zutage fördern. *Einige Ähnlichkeiten*, die sich leicht erkennen lassen, sind aber wichtig und in ihrer Bedeutung nicht an die Einmaligkeit der biographischen Kontexte gebunden.

Beide haben ihre primäre Qualifikation bei erstrangigen Lehrern im In- und Ausland erworben; KEKULÉ, der in Gießen bei LIEBIG gehört hatte, schloß – ähnlich wie Jahrzehnte vor ihm BERZELIUS – längere Studienaufenthalte in England und Frankreich an. Beide bildeten Schüler aus, wobei sie offenkundig sehr *selektiv* vorgingen und hohe Anforderungen an Talent und Fleiß stellten – so erscheint es gar nicht mehr zufällig, daß unter denen, die ihre „Schule" durchlaufen hatten, wiederum Chemiker von Weltruf waren. Beide hielten während ihres schöpferischen Arbeitslebens den Kontakt zu den Spitzenleistungen auf ihrem Gebiet nicht nur über die Literatur, sondern durch direkte, teilweise sehr freundschaftliche Beziehungen zu den Koryphäen auf den jeweiligen Fachgebieten. Beide gewannen ihre bahnbrechenden Ideen nicht durch extreme Spezialisierung, sondern eher durch einen universalen Überblick über weit ausgebreitetes Material, den sie nicht auf dem Weg phänomenologischer Systematisierung, sondern durch das Aufspüren gesetzmäßiger Zusammenhänge zu erreichen suchten. Es ist wohl eher Bedingung als Nebenprodukt ihres Typs kreativer Forschung, daß beide epochemachende Lehrbücher schrieben. Beide widmeten dem standardisierten Ausdruck des chemischen Wissens, der für eine effektive Kommunikation ebenso wichtig ist wie für die Formulierung von Problemen und das Aufstellen von Hypothesen, eine beträchtliche Aufmerksamkeit. Zwar weisen verschiedene Autoren darauf hin, sowohl BERZELIUS als auch KEKULÉ hätten ihre Beiträge zur Entwicklung der chemischen Formelsprache selbst nicht sehr hoch geschätzt – nichtsdestoweniger aber sind ihre *objektiven* Leistungen zur Herstellung eines wirksamen Systems weltweiter fachlicher Kommunikation unter den Chemikern bedeutend. Nicht zuletzt schlug das auch für die Durchsetzung ihrer eigenen Ideen zu Buche – KEKULÉs Gedanken über die Konstitution des Benzols etwa hätten wohl kaum Epoche gemacht, wären sie ohne die legendäre Formel in umständlicher Alltagssprache formuliert gewesen. Das weist uns auf den produktiven, wenn auch leider zu wenig beachteten Zusammenhang zwischen der Kultur des theoretischen Ausdrucks, der innerwissenschaftlichen Kommunikation und dem weiteren Erkenntnisfortschritt hin.

Kurzum, wer über höhere Wirksamkeit der Forschung nachdenkt, der findet auch bei BERZELIUS und KEKULÉ Anregung, und es wäre ein Wunder, wenn er sie dort nicht fände. Gewiß, die historischen Situationen sind nicht so ähnlich, daß man ohne sorgfältigste Beachtung der gründlich veränderten Bedingungen bedenkenlos extrapolieren könnte. Sie sind aber auch nicht so total voneinander verschieden, daß man nicht mit den Mitteln einer auf das Gedankengut des Marxismus gestützten historischen Analyse aus dieser Vergangenheit Wesentliches lernen könnte.

Die Veranstalter werteten es als ein günstiges Vorzeichen für einen weiteren Aufschwung unserer Wissenschaftsbeziehungen mit Schweden, daß als besonderer Gast des Kolloquiums der Botschafter des Königreiches Schweden in der DDR, seine Exzellenz Eric VIRGIN, begrüßt werden konnte.

Der vorliegende Band der Sitzungsberichte unserer Akademie enthält alle auf dem Kolloquium gehaltenen Vorträge. Darüber hinaus wurde der am 4. Mai 1978 von Akademiemitglied Kh. LOHS vor der Klasse Chemie gehaltene Vortrag „150 Jahre Wöhlersche Harnstoff-Synthese" in diesen Band mit aufgenommen. Friedrich WÖHLER war nicht nur schlechthin ein Zeitgenosse von BERZELIUS und KEKULÉ, auch der Zusammenhang der Arbeiten beider Gelehrter wurde durch das Wirken des BERZELIUS-Schülers WÖHLER vermittelt und entscheidend gefördert. In diesem Sinne schließt der WÖHLER-Beitrag inhaltlich an die vorhergehenden an und rundet das skizzierte Bild dieser ereignisreichen Epoche der Chemieentwicklung ab.

Karlheinz Lohs

Jöns Jacob Berzelius
Skizzen aus einem beispielhaften Forscherleben
(anläßlich seines 200. Geburtstages)

Herr Vorsitzender,
Eure Exzellenz,
meine Damen und Herren!

Am 20. August dieses Jahres, dem 200. Geburtstag von Jöns Jakob BERZELIUS, ehrte die Königlich-Schwedische Akademie der Wissenschaften in festlicher Weise das Andenken dieses großen schwedischen Gelehrten [1]. Im Berzelius-Park in Stockholm, am Denkmal des weltberühmten Chemikers sowie auf dem Friedhof Solna an seinem Grab wurde in würdigen Gedenkreden der Leistungen eines Mannes gedacht, dessen Werken bis in unsere Tage – und wohl noch weit darüber hinaus – reicht [2].

Es ist für mich eine große Ehre und persönliche Freude, daß ich heute hier im Rahmen des 14. Berliner Wissenschaftshistorischen Kolloquiums den Würdigungsvortrag unserer Akademie der Wissenschaften der DDR für Jöns Jakob BERZELIUS halten darf.

Für mich ist die wissenschaftsgeschichtliche Beschäftigung mit BERZELIUS stets von ganz besonderem Reiz gewesen; meine ersten diesbezüglichen Eindrücke reichen in die frühen Semester meines Leipziger Chemiestudiums Ende der 40er und Anfang der 50er Jahre zurück, als mein Lehrer, unser Akademiemitglied Wilhelm TREIBS, in plastischer Darstellung das Lebensbild von BERZELIUS im Rahmen der großen organischen Grundvorlesung seinen Studenten vermittelte.

Glückliche Umstände haben es mit sich gebracht, daß ich das Heimatland von BERZELIUS mir in zahlreichen Reisen erschließen konnte. Hierbei hat mir die Königlich-Schwedische Akademie, mit der unsere Akademie partnerschaftlich verbunden ist, in großzügiger Weise viele Zeugnisse aus dem Leben von BERZELIUS in Form von Dokumenten und persönlichen Materialien zugängig gemacht. Es sei mir erlaubt, die Gelegenheit dieses Vortrages zu nutzen, um dem Präsidium unserer Akademie für die gebotenen Reisemöglichkeiten vielmals zu danken und auch dem Generalsekretär der Königlich-Schwedischen Akademie, Professor BERNHARD, sowie seinen Mitarbeitern meinen besten Dank für die gewährte Unterstützung zu sagen.

Die Tatsache, daß uns heute hier in der Akademie seine Exzellenz, der Herr

Botschafter des Königreiches Schweden in der DDR, die Ehre seines Besuches gibt, beweist einmal mehr, daß sich die Beziehungen zwischen unseren beiden Akademien sehr günstig entwickeln und sich die Ausstrahlungskraft der Persönlichkeit von Jöns Jakob BERZELIUS bis in unsere Tage immer wieder aufs neue bestätigt.

Nach diesen Vorbemerkungen möchte ich nun versuchen, in einigen Skizzen das beispielhafte Forscherleben von Jöns Jakob BERZELIUS darzustellen.

Wenn ein junger Mensch beginnt, sich ernsthaft mit Chemie zu befassen, wird er sehr schnell auf einen der großen Namen unter den Wegbereitern dieser Wissenschaft stoßen; es ist der des schwedischen Chemikers Jöns Jakob BERZELIUS. Ganz gleich, welchem Zweig der Chemie man sich zuwendet – ob organische, anorganische oder physikalische Chemie –, stets findet man bahnbrechende Leistungen dieses Mannes. Der Name BERZELIUS ist geradezu ein Symbol für die chemische Wissenschaft geworden.

Nachfolgend kann nicht das gesamte Lebenswerk dieses bedeutenden Mannes dargestellt werden; es gibt hierzu zahlreiche, umfassende und kompetente Beschreibungen in nahezu allen Ländern und vielen Sprachen [3].

Mit dem nachfolgend Dargestellten soll der Versuch gemacht werden, aus Anlaß des 200. Geburtstages von Jakob BERZELIUS einige wesentliche Stationen auf seinen Lebensweg hervorzuheben. Insbesondere für die jungen Wissenschaftler unserer Tage – und dabei ist keinesfalls nur an die Chemiker unter ihnen gedacht – sollte eine solche Darstellung darüber hinaus als Anregung dienen, ihr eigenes Verhältnis zur Wissenschaft an der Beispielgebung dieses Gelehrten zu überdenken.

Hinsichtlich zahlreicher biographischer Details ist es leicht, das Leben von BERZELIUS nachzuzeichnen, denn er hat mehrere Biographen gefunden [4]. Aber er hat auch selbst eine Biographie schreiben müssen. Hierzu heißt es in dem Vorwort dieser Autobiographie: „Die Statuten der Königlichen Akademie der Wissenschaften vom 20. Dezember 1820 schreiben vor, daß jedes Mitglied, sobald es gewählt worden ist, seine Biographie und nach jedem Jahrzehnt deren Fortsetzung einreichen sollte. Ich erfülle hiermit diese Pflicht..." [5].

Jöns Jacob BERZELIUS wurde am 20. August 1779 während eines Ferienaufenthaltes seiner Eltern in dem Kirchspiel Väfversunda in Ostgotland geboren. 1783 starb sein Vater, knapp drei Jahre später seine Mutter, so daß ihm die Leiden eines Waisenkindes früh und in vielfältiger Weise das Leben erschwerten, auch wenn Verwandte und Bekannte ihm zeitweise Unterstützung und Obdach gaben. Er hatte jedoch bei allem Unglück seiner frühen Jugendjahre auch das große Glück, guten Lehrern zu begegnen. Sie gaben schon in der Kindheit seinen vielfältigen Interessen eine klare Richtung. So schreibt BERZELIUS in seiner schon erwähnten Selbstbiographie z.B. über seinen Stiefvater und zeitweiligen Lehrer, dem Pfarrer EKMARCK: „Jeden Tag – nach dem Mittagessen – wurde ein Kapitel in Sturms Naturbetrachtungen gelesen, wobei der gelehrte EKMARCK es verstand, aus dem eigenen Wissensvorrat Zusätze zu machen, mit denen es ihm gelang, unsere Neugierde zu reizen, so daß die Liebe zur Naturwissenschaft sich frühzeitig bei uns entwickelte. Wir besprachen die am betreffenden Tage vorgelesene Naturbetrachtung besonders auf den Spaziergängen, die, wenn Jahreszeit und Witterung es erlaubten, Pfarrer EKMARCK täglich nach dem Essen mit uns unternahm" [6]. Auch mit dem Blick auf den heutigen naturwissenschaftlichen Schulunterricht kann wohl niemand umhin, einer solchen damals geübten Art der Einführung in naturwissenschaftliche Kenntnisse Achtung und Bewunderung entgegenzubringen!

Die ganz außerordentliche Beobachtungsgabe, welche BERZELIUS schon in jungen Jahren entwickelte und die ihn in seinen Mannesjahren zu so bedeutenden Entdeckungen führte, wurde von solchen Lehrern wie EKMARCK bald erkannt und mit dem Hinführen auf das große Lebenswerk LINNÉS stark stimuliert. Kein Wunder also, daß der junge BERZELIUS schon bals über sehr gute Kenntnisse der Tier- und Pflanzenwelt verfügte (LINNÉS „Fauna svecica" hat er aus Geldmangel nahezu vollständig mit der Hand abgeschrieben). Seine tiefe Naturliebe hat ihm sicher viel darüber hinweggeholfen, in den Familien seiner Verwandten und zeitweiligen Gönner doch immer nur „das fünfte Rad am Wagen" sein zu müssen.

Als Fünfzehnjähriger gab er seinen früheren Entschluß auf, im Sinne der Familientradition Prediger zu werden; er wollte nun Arzneikunde studieren, weil ihm dabei seine Liebe zur Tier- und Pflanzenwelt und das inzwischen hierzu gesammelte Wissen die besten Voraussetzungen zu bieten schienen. Im Hause seines Prinzipals BORRE hatte er sich zunächst neben dem Geben von Nachhilfeunterricht, Holzhacken und Erntehilfsarbeiten mit der Übersetzung von VIRGILS „Äneide" befaßt, um dann seine Ausbildung am Gymnasium fortzusetzen. Zwei Zitate aus seinen selbstbiographischen Aufzeichnungen charakterisieren seine damalige Situation „Mein Zimmer wäre gewiß nicht geheizt worden, hätte es nicht zugleich im Winter als Stapelplatz für die Kartoffeln gedient, die in Säcken aufgestellt, einen großen Teil des Raumes für sich beanspruchten. Aber das Zimmer wuede auch nur so viel erwärmt, daß diese Früchte nicht erfrieren konnten." Weiter heiß es „Von Honorar war nie die Rede gewesen, ich hatte inzwischen weder Geld gehabt noch gebraucht; bei meiner Abreise erhielt ich aber doch vier Reichstaler Honorar und ein Paar wollene Strümpfe, die ich, wie man wußte, sehr nötig hatte" [7].

Trotz aller Widrigkeiten in den äußeren Umständen erfüllt ihn Optimismus, und er schreibt: „... von diesem Augenblicke an, wo ich ein bestimmtes Ziel vor Augen hatte, erwachte auch das Bestreben, es durch Arbeit zu erreichen" [8]. Die Gymnasialzeit gestaltete sich für ihn jedoch in mancher Hinsicht noch recht schwierig, worauf hier nicht näher eingegangen werden kann; jedenfalls ist sein Schulabgang für ihm betrüblich, und erschreibt selbst: „Das Zeugnis, mit dem ich zur Universität entlassen wurde, lautete, daß ich ein junger Mann von guten Naturanlagen, aber schlechten Sitten und von zweifelhaften Hoffnungen sei" [9].

BERZELIUS ging 1796 nach Uppsala, wo er das damals dort übliche Studentenexamen machte und als Student der Medizin eingeschrieben wurde. Anscheinend war auch damals schon die Vorliebe der Medizinstudenten für die Chemie nicht sehr ausgeprägt; BERZELIUS jedenfalls bekannte freimütig, daß er von Chemie wenig begriffen habe und sein Examen deshalb fast nicht bestanden hätte, wäre ihm nicht die gute Note in Physik zu Hilfe gekommen. Die Wissenschaftsgeschichtschreibung stellt dem Vertreter der Chemie AFZELIUS keine allzu gutes Zeugnis aus, was nicht unbedingt BERZELIUS entschuldigen, aber die damalige Situation zu erklären hilft.

„Auf der Universität Uppsala hatte der junge Student der Heilkunde wiederum kein Glück mit seinen Lehrern. Er meldete sich bei dem Chemiker Prof. AFZELIUS zur Teilnahme an den chemischen Laboratoriumsübungen, die wöchentlich einmal stattfanden. Gegen ein Trinkgeld ließ der Diener den wissensdurstigen Studenten jedoch jeden Nachmittag ein paar Stunden in den Arbeitsraum. AFZELIUS stellte unbefriedigende Aufgaben, aus denen man nichts lernen konnte. Bezeichnend ist, daß niemand Sauerstoff herzustellen vermochte auch AFZELIUS nicht.

Um beim praktischen Arbeiten unabhängig zu sein, mietete sich BERZELIUS ein Zimmer mit einer Nebenkammer, die einen Herd besaß. Hier experimentierte er auf eigene Faust. Hier gelang es ihm bald, Sauerstoff herzustellen, den er dann zum allgemeinen Staunen im Laboratorium vorführte“ [10].

H. G. SÖDERBAUM bemerkte in seinem Buch über BERZELIUS: „Niemals war er ein besonderes ‚Licht‘, weder hier noch an der Universität... Auch lag es nicht in seiner Natur, Zeit und Mühe für die ihn nicht besonders interessierenden Fächer aufzuwenden und so seinen Mängeln abzuhelfen“ [11]. Aber SÖDERBAUM hebt hervor: „Seine ans Wunderbare grenzende Arbeitskraft, worin er von keinem anderen Chemiker übertroffen, von wenigen auch nur annähernd erreicht werden dürfte, machte sich indessen schon von Anfang an geltend“ [12].

Gegen Ende seines Studiums arbeitete er in Medevi vorübergehend als Armenarzt, und bei dieser Gelegenheit kochte er das dortige Quellwasser ein, um es in Uppsala nach seiner Rückkehr näher zu untersuchen; es war dies seine erste Arbeit auf dem Gebiet der analytischen Chemie.

1802 verteidigte er in Uppsala seine Doktordissertation und konnte auf Vermittlung des königlichen Leibarztes HEDIN sodann als Adjunkt der Medizin und Pharmazie in das chirurgische Institut in Stockholm eintreten (allerdings ohne Gehalt dafür zu bekommen!). HEDIN ermöglichte es ihm jedoch, daß er seine Existenz wenigstens bescheiden zu sichern in der Lage war, indem er vertretungsweise als Hofarzt auf dem Sommersitz des Königs in Drottningholm tätig sein konnte, wo ihm nebenher sogar die Durchführung chemischer Versuche möglich gemacht wurde.

Danach nahm er ein Angebot des Bergwerksbesitzers W. von HISINGER an, mit dem zusammen er sich elektrochemischen Studien widmete. Im Resultat dieser mit bescheidensten Mitteln ausgeführten Studien entsteht eine gemeinsame Veröffentlichung, die 1803 im Februarheft von GEHLENS „Journal der Chemie“ erscheint. Rückblickend auf seine Arbeit schreibt BERZELIUS später: „Diese Abhandlung enthält die Grundlage derjenigen Gesetze, auf welchen die elektrochemische Theorie sich später aufbaute. Die unbekannten Namen der Verfasser erweckten keine besondere Aufmerksamkeit. Als aber $4^1/_2$ Jahre später Humphrey DAVY durch Anwendung dieser Gesetze mit den glänzendsten Entdeckungen, welche die Wissenschaft aufzuweisen hat, hervortrat, ließ der Neid uns Gerechtigkeit widerfahren“ [13].

Es wäre noch sehr viel über diese Schaffensperiode von BERZELIUS zu sagen, aber belassen wir es damit, daß er 1804 zum Doktor der Medizin promoviert wird und seine wirtschaftliche Lage noch immer äußerst bescheiden blieb. Er stellt hierzu selbst fest: „Aber ich befand mich durchaus wohl und war gewohnt, mich für ganz glücklich zu halten, wenn ich nur sicher ein Dach über meinem Haupte und Kost für meinen Magen hatte, wenn sie auch nicht reichlich und besonders wohlschmeckend war“ [14]. BERZELIUS mühte sich zwar seine materiellen Bedingungen zu bessern, aber resigniert muß er damals bekennen: „,... mir fehlte jedes Talent zu industrieller Verwertung der Wissenschaft, ein Mangel, der mir während meines ganzen Lebens blieb und für mich viele Verluste mitbrachte“ [15].

Das Wirken und die Interessen von BERZELIUS vervielfachten sich in diesen Jahren, und wichtige Bekanntschaften mit bedeutenden Zeitgenossen, wie beispielsweise dem altehrwürdigen Johan Gottlieb GAHN oder dem damals schon berühmten OERSTED, erschlossen ihm neue Einblicke in die Wissenschaftsgebiete seiner Zeit. Das Herangehen an eine neue Arbeitsrichtung spiegel sich beispielhaft in folgenden Worten von BERZELIUS wider: „Als ich in Uppsala Physiologie studierte, bedauerte ich stets, daß zur Zeit Alberecht HALLERS die Chemie noch nicht so weit vorgeschritten war, daß sie diesen außergewöhnlichen Forscher bei seinen Untersuchungen auf den richtigen Weg hätte leiten können. Es schien mir klar zu sein, daß ein Chemiker mit physiologischen Kenntnissen in dieser Wissenschaft sehr viel leisten könne, und ich beschloß daher, mich solchen Untersuchungen zuzuwenden.“ Und er fährt dann fort: „Es zeigte sich aber bald, daß weder richtige Daten noch Ansichten den schon vorhandenen Arbeiten über Tierchemie entlehnt werden konnten. Ich mußte also eine Menge analytischer Untersuchungen über Tierstoffe vornehmen, wie über das Blut, die Galle, die Flüssigkeiten und Häutchen der Augen, die Knochen, das Mark, die Häute im allgemeinen und die Sehnen, das Fett in den Knochen und der Diploe, das Fleisch und dessen Flüssigkeiten usw.“ [16].

Da BERZELIUS nicht nur als Forscher, sondern auch als Hochschullehrer tätig war, mußte er zugleich helfen, die Mängel an Lehrmaterial zu überwinden, d. h., er schrieb die Lehrbücher für seine Studenten, so 1806 den ersten Band der „Vorlesungen über Tierchemie“ (ein zweiter Band folgte 1808) und dann – 1808 – das später berühmt gewordene „Lehrbuch über die Grundlagen der Chemie“. Bei der Ausarbeitung des letzteren stieß er erstmals auf die Untersuchungen von RICHTER „über die gegenseitige Zerlegung der neutralen Salze unter Beibehaltung der vollen Neutralität“, die ihn stark beeindruckten. BERZELIUS schreibt dazu: „Dies wurde der Grund zu der Richtung meiner wissenschaftlichen Arbeiten während des größten Teils meiner tätigsten Lebensjahre, d.h. zu meinen Arbeiten über die chemischen Proportionen“ [17].

BERZELIUS wurde von der Faszination der Genauigkeit ergriffen und begann, ein nur als immens zu bezeichnendes analytisch-experimentelles wie auch theoretisches Arbeitsgebiet in Angriff zu nehmen. Er selbst schreibt: „... dabei fehlten mir Instrumente und Geräte für feinere Versuche. In Schweden gab es nur einen einzigen Platintiegel, der HISINGER gehörte; er stellte ihn mir freundschaftlich zur Verfügung, doch war er für meine Waage zu schwer.“ Dann fährt er fort: „... ich mußte durch meine eigenen Irrtümer auf die Wege geführt werden, die jetzt so allgemein bekannt sind, daß jeder sie sofort anwendet, und mußte bei dem Grundsatz bleiben, meine Analysen so zu wählen, daß der Ausschlag so wenig wie möglich auf geschicktes Manipulieren bei der Ausführung beruhte.“ Er führte weiter dazu aus: „ich unterbrach meine Versuche zeitweise in Verzweiflung über die Unmöglichkeit, mein Ziel zu erreichen, fing sie mit neuerwachter Hoffnung wieder an, die wieder getäuscht wurde, bis schließlich ein Lichtstrahl sich zeigte.“ So kann er schließlich feststellen: „Nachdem dies geschehen war, hatte ich endlich die Freude, alle meine Analysen mit den RICHTERschen Gesetzen übereinstimmend zu finden, doch hatte dies eine zwei Jahre lange, rastlose Arbeit erfordert“ [18]. Sehr bescheiden schreibt er in seiner berühmten Abhandlung: „Daß bestimmte und einfache Verhältnisse zwischen den Urstoffen eines jeden zusammengesetzten Körpers die Zusammensetzung begründen, ist den Naturforschern niemals entgangen; ein Beweis davon kann also nicht als eine Entdeckung angesehen werden“ [19]. Er ist sich jedoch bewußt gewesen, daß er über alle Vorgänger, die er nannte, BERGMANN, RICHTER, WENZEL, PROUST, weit hinausgegangen war; so schrieb er an einer anderen Stelle: „Die Zunahme, welche die Wissenschaft durch die im folgenden auseinanderzusetzende Lehre von den bestimmten Proportionen gewonnen hat, ist im Verhältnis zu dem, was darin zu untersuchen übrig ist, sehr klein, sie ist aber in ihren Folgen von den wichtigsten, die ihr jemals begegnet ist‘[[20].

In den nun folgenden Jahren beginnen sich die äußeren Bedingungen im Leben von BERZELIUS zu verbessern; er kommt zu einem bescheidenen Vermögen, die Schwedische Akademie der Wissenschaften ernennt ihn am 15. Juni 1808 zu ihrem Mitglied (kurzzeitig hat er 1810 sogar das Präsidentenamt inne), er kommt in engeren Kontakt zur königlichen Familie.

Im Jahre 1812 (am 25. Juni) wird BERZELIUS zum Korrespondierenden Mitglied unserer Akademie gewählt; ihr Auswärtiges Mitglied wird er 1825. Mitglied der Leopoldina (damals „Kaiserlich Leopoldinische Carolinische Akademie“) wird er 1818; im gleichen Jahr wird auch GOETHE in diese Akademie als Naturforscher gewählt.

Er kann 1812 die erste Auslandsreise machen, die ihm nach England zu DAVY führt, nachdem er eine Einladung von BERTHOLLET nach Paris zunächst wegen des Krieges zwischen Schweden und Frankreich (und aus Geldmangel) zurückstellen mußte.

Als er nach fünfmonatiger Abwesenheit 1812 nach Stockholm zurückkommt, bringt er sich für „ungefähr 250 £" Laborgeräte mit und stürzt sich wieder voll in die experimentelle Tätigkeit.

1814 veröffentlichte BERZELIUS die erste Atomgewichtstafel. Eine verbesserte Ausgabe folgt 1818; in ihr führt er 46 Grundstoffe und rund 2000 Verbindungen an, die er sämtlich eigenhändig analysiert hatte. WINDERLICH gibt hierzu folgende Charakterisierung: „Um diese Leistung richtig zu würdigen, muß man sich immer wieder vor Augen halten, wie ärmlich das Laboratorium eingerichtet war und wie schwierig reine Reagentien zu erhalten waren; BERZELIUS mußte z.B. seinen ganzen Bedarf an Salzsäure selbst herstellen. Dabei verlangte er von sich und anderen peinlichste Arbeit. So schrieb er an seinen Lieblingsschüler Fr. WÖHLER: ‚Für das künftige Arbeiten erlaube ich mir, folgendes zu empfehlen: 1. daß man sich niemals mit dem analytischen Resultate von nur einer Analyse begnügt, sondern als Regel aufstellt, daß wenigstens 3 übereinstimmen müssen und 2., daß die zu diesen 3 Analysen angewandten Substanzproben nicht alle auf einmal oder auf demselben Wege hergestellt werden dürfen, sondern daß am besten die Probe für jede Analyse das Produkt einer besonderen Bereitungs-Operation ist'" (13. Dez. 1831). Nach seiner eigenen Angabe hat BERZELIUS manche Analyse zwanzig- bis dreißigmal wiederholt, bevor er seinem Ergebnis traute [21].

Es ist bezeichnend, daß trotz seines enormen Arbeitsvolumens BERZELIUS stets auch auf der Suche nach ganz neuen Arbeitsrichtungen blieb. Hierfür ist seine folgende Äußerung typisch. „Ich hatte bisher bei meinen Untersuchungen über die chemischen Proportionen die Mineralien nicht in Betracht gezogen, meist aus dem Grunde, weil ich keine Kenntnisse in der Mineralogie besaß, obgleich ich hier und da, wenn ich aufgefordert wurde, Mineralien analysiert hatte. Dieses Gebiet blieb nun zu studieren" [22].

Im Resultat dieser Studien stellt er u.a. ein neues, nach chemischen Gesichtspunkten geordnetes Mineralsystem auf, dessen Veröffentlichung (1814) bei den nicht chemisch gebildeten Mineralogen auf erheblichen Widerstand stieß: „Im Journal of the Royal Institution wurde die Arbeit als der vollendetste Unsinn, den man sich vorstellen könne, hingestellt und der Verfasser mit dem griechischen Räuber Prokrustes verglichen, der seine Opfer (die analytischen Resultate) verkürzte oder verlängerte, bis sie in das vorher gestickte Maß hineinpaßten." Die Anerkennung läßt lange auf sich warten: „Sechzehn Jahre später wurde die Mineraliensammlung im British Museum nach dieselm System geordnet und 1836 erhielt ich von der Royal Society in London die goldene Copley-Medaille als Beweis, daß diese gelehrte Gesellschaft die Richtigkeit meiner Ansichten in der Mineralogie anerkenne. Zwei Jahre zuvor hatte die Royal Institution mir die Fullersche Medaille für meine Arbeiten über die chemischen Proportionen im allgemeinen erteilt“ [23].

Berzelius dehnt seine mineralogischen Arbeiten auch auf den Weltenraum aus, indem er wiederholt Meteorsteine untersucht und daran interessante Betrachtungen anschließt. So schreibt er: „Aus den angeführten Analysen glaube ich gefunden zu haben, daß die Meteorsteine Mineralien sind. Da es eine Ungereimtheit wäre, daß sich Mineralien in der Luft aus deren Bestandteilen bilden sollten, so können sie nicht atmosphärische Produkte sein, umso weniger, da viele von ihnen Gangtrümmer zeigen, d.h. Sprünge, die mit einem Mineral von anderer Farbe und wahrscheinlich anderer Zusammensetzung angefüllt sind, und es wäre eine vollkommene Ungereimtheit, anzunehmen, daß sie vielleicht in den wenigen Augenblicken gebildet seien, welche die Anziehungskraft der Erde einem so schweren Körper in der Atmosphäre zu bleiben gestattet. Sie kommen also anderswoher. Auswürflinge von Vulkanen der Erde sind sie nicht, denn sie fallen überall, nicht bloß und nicht meistens in größerer oder geringerer Entfernung der Vulkane. Ihr Aussehen ist verschieden von dem tellurischer Mineralien, verschieden vor allem, was die Vulkane der Erde auswerfen. Das nichtoxydierte, geschmeidige Eisen, welches sie enthalten, zeigt, daß nicht Wasser, selbst vielleicht nicht einmal Luft in ihrer ursprünglichen Heimat vorkomme. Sie müssen also von einem anderen Weltkörper herkommen... Aber einen Begriff von den wägbaren Elementen zu bekommen, woraus ein fremder Weltkörper besteht, wäre es auch nur der uns so nahe befindliche Mond, verleiht einer solchen Untersuchung ein Interesse, das sie für sich selbst nicht haben würde“ [24]. Berzelius nimmt also gedanklich schon Problemstellungen auf, die dann erst mit Hilfe der Spektralanalyse von Kirchhoff und Bunsen experimentell in Angriff genommen werden können.

Immer wieder sind es aber die bescheidenen materiellen Verhältnisse, die Berzelius beengen. So fertigt er sich – obwohl inzwischen international anerkanntes Akademiemitglied und mit der Königsfamilie in oftmaligen persönlichem Kontakt – nahezu alle seine Werkzeuge auf der Hobel- und Drehbank selbst, ebenso wie er sein eigener Glasbläser ist und viele Zeit für die Herstellung der benötigten Chemikalien aufwendet. (Der Autor dieses kleinen Berichtes hatte dank des großzügigen Entgegenkommens der Königlich-Schwedischen Akademie der Wissenschaften bei seinen Besuchen in Stockholm selbst die Gelegenheit, diese Zeugnisse der Arbeit von Berzelius zu besichtigen, ja in seinen Händen zu halten und sich von der Vielfalt und dem ins Künstlerische gehende Geschick dieses genialen Chemikers tief beeindrucken zu lassen!)

Als Berzelius 1818 geadelt wurde, muß er seine Introduktion in den Adelsstand um zwei Jahre verschieben, weil es ihm an den finanziellen Mitteln für diesen festlichen Akt fehlte.

Zu den für Berzelius besonders erfreulichen, weil wissenschaftlich ergiebigen Ereignissen gehören nun mehr und mehr die Reisen ins Ausland. So hat er – neben anderen Ländern Europas – zwischen 1819 und 1845 allein siebenmal Deutschland besucht und tiefe Eindrücke von dort mitgenommen. In einem Vortrag vor der Sächsischen Akademie der Wissenschaften zitierte W. TREIBS folgende Äußerung von BERZELIUS über die damalige Chemie in Deutschland: „In Deutschland werden von einer größeren Anzahl von Gelehrten die Wissenschaften ihrer selbst wegen bearbeitet, in vielen anderen Ländern haben die meisten ihre Hauptbestrebungen auf deren Anwendung für das bürgerliche Leben gerichtet. Solange der Geist der deutschen Naturforscher lebt, wird die Frage ‚wozu nützt es‘ dort niemanden von einem Gegenstande der Forschung abhalten, niemanden verlegen machen, wenn er keinen materiellen Vorteil, der dadurch zu erreichen sein könnte, anzugeben vermag. Jetzt bemüht man sich überall das deutsche Beispiel nachzuahmen“ [25]. Zwölf deutsche BERZELIUS-Schüler arbeiteten in seinem Stockholmer Laboratorium, unter ihnen Eilhard MITSCHERLICH, Heinrich ROSE, Gustav MAGNUS und Friedrich WÖHLER. Mit WÖHLER verband ihn ein besonders herzliches Verhältnis. Diese Verbindung zwischen BERZELIUS und WÖHLER hatte bekanntlich weitttragende Folgen für die gesamte Entwicklung der Chemie; hierauf möchte ich jedoch nicht näher eingehen, da dies in einem Vortrag vor der Klasse Chemie 1978 von mir dargestellt wurde [26]. Die Zusammenarbeit mit seinen deutschen Schülern war insgesamt in vielfacher Hinsicht erfolgreich. Als ein weiteres Beispiel sei die Tätigkeit von MITSCHERLICH im Labor von BERZELIUS genannt. Das Ergebnis dieser Arbeit ist in den Abhandlungen der Akademie für das Jahr 1820 erschienen:

„Über das Verhältnis zwischen der chemischen Zusammensetzung und der Krystallform arseniksaurer und phosphorsaurer Salze“. In dieser Arbeit zeigte MITSCHERLICH, daß Stoffe von verschiedener Zusammensetzung gleiche Kristallformen annehmen können und daß diese Kristallform durch ein ähnliches inneres Verhältnis zwischen den Elementen bedingt ist. Dies ist die Entdeckung der Isomorphie! Sie hat zusammen mit der Entdeckung der Atomwärme durch DULONG und PETIT erneut BERZELIUS zu analytischen Untersuchungen und zur Durchrechnung der Atomgewichte veranlaßt. Dieses Wechselverhältnis von Arbeitsresultaten der „Schüler“ und des „Meisters“ ist kennzeichnend für die Bildung wissenschaftlicher Schulen im 19. Jahrhundert gewesen, über die wir heute erneut diskutieren.

Es wäre hier noch sehr viel zu BERZELIUS als Erzieherpersönlichkeit zu sagen. Stellvertretend für zahlreiche Dokumente sei eine Charakterisierung angeführt, die in der Einleitung zu den von Gisbert KLINGEMANN ausgewählten und übersetzten „BERZELIUS-Reiseerinnerungen aus Deutschland“ steht: „Anspruchslos und lebhaft, offen und teilnehmend und zugleich zurückhaltend, ganz auf sich gestellt und trotzdem umgänglich, in gewissem Grade naiv und doch immer geistig überlegen, sowohl weitblickend wie peinlich genau im einzelnen, reich an Einfällen und doch stets zur Kritik bereit, ein Realist mit warmem Humor, so gewann er als Lehrer wie als väterlicher Freund das Vertrauen seiner Umgebung“ [27]. Und KLINGEMANN hebt zu Recht hervor, daß der Einfluß, den BERZELIUS auf seine Schüler ausübte, im Menschlichen wurzelte.

Es sei mir gestattet, hier aus einem Würdigungsartikel von R. WINDERLICH noch eine Passage zu zitieren, die die Charakterisierung von KLINGEMANN in schöner Weise ergänzt:

„Trotz der übermenschlichen Arbeitslast, die zum Erwerb solch märchenhaften Reichtums an wissenschaftlichen Entdeckungen getragen werden mußte, fand BERZELIUS immer noch Zeit zu schriftstellerischer und unterrichtlicher Tätigkeit. Was er auf diesen beiden Gebieten, dem literarischen und pädagogischen, geleistet hat, ist nicht weniger erstaunlich als die Summe seiner Experimentalarbeiten. Erwähnt sind bereits die Bücher über Tierchemie (2 Bände), über die Anwendung des Lötrohrs und das Lehrbuch der Chemie, das in seiner vierten Auflage auf zehn starke Bände anwuchs; die fünfte, noch umfangreicher angelegte, ist unvollendet geblieben; sie enthält nur die anorganische Chemie in 5 Bänden. Jede Auflage war ein Werk für sich, denn BERZELIUS arbeitete jedesmal das ganze Gebiet nochmals gedanklich durch, teilweise auch experimentell, bevor er die Feder zur Hand nahm.

Die Lehrbücher sind mit einer ungewöhnlichen Sprachgewandtheit geschrieben, von kristallener Klarheit und leicht faßlich; sie haben lange Zeit als unerreichte Muster gegolten. BERZELIUS trug darin nicht nur seine eigene Ansichten vor, sondern ließ auch andere Forscher mit abweichenden Meinungen gebührend zur Geltung kommen. Diese abweichenden Ansichten beleuchtete er kritisch von allen Seiten, um eine experimentelle Entscheidung über die dunklen Punkte anzubahnen. Die kritische und berichtende Tätigkeit erschien ihm so wichtig, daß er von 1821 an bis zu seinem Tode einen ‚Jahresbericht über die Fortschritte der physischen Wissenschaften, der Chemie und Mineralogie' in Buchform herausgab, mit dem er der Wissenschaft in unschätzbarer Weise gedient hat; denn er besaß die beneidenswerte Gabe, aus allem rankenden wuchernden Beiwerk den eigentlichen, lebenskräftigen, fruchtversprechenden Trieb zu erspähen. Mit unbestechlicher Unparteilichkeit hat er hier seines Amtes gewaltet. Bei der Behandlung wissenschaftlicher Gegenstände muß man weder Feinde hoch Freunde haben, schrieb er an LIEBIG (3. April 1838). Das bezog er auch auf die eigene Person, die ihm weder Freund noch Feund war, wenn er eigene Fehler bekannte, z.B. im vierten Jahresbericht, als er mitteilte, daß er bei Gasmessungen die Temperatur unberücksichtigt gelassen hatte. Es war ihm bei seiner Uneigennützigkeit und Gewissenhaftigkeit ein sichtliches Vergnügen, wenn er Verdienste anderer melden konnte. Aber er hat nicht immer mit Freude an dem Bericht gearbeitet; er erschein ihm einfach als unabweisliche Pflicht, die vorläufig er allein zur Zufriedenheit erfüllen konnte. Mit zunehmendem Alter wurde ihm diese Arbeit immer saurer, denn die Übersicht wurde durch die rasch wachsende Zahl umfangreicher Untersuchungen schwieriger“ [28].

Es sei an dieser Stelle darauf hingewiesen, daß die gelegentlich geäußerte

Ansicht, daß BERZELIUS auf dem Gebiet der organischen Chemie „weniger glücklich" gewirkt habe, nicht haltbar ist. Man lese in diesem Zusammenhang das ausgezeichnete Buch von CARL SCHORLEMMER über „Ursprung und Entwicklung der organischen Chemie", welches in diesem Jahr in Leipzig in der Reihe „OSTWALDS Klassiker" erneut erschienen ist. SCHORLEMMER gibt in diesem vor genau 100 Jahren, also 1879 in London und Manchester erschienenen Buch eine sehr eindrucksvolle Schilderung des großen Einflusses, den BERZELIUS auf die Entwicklung der organischen Chemie gehabt hat. Unser im vergangenen Jahr verstorbenes Mitglied Wilhelm TREIBS hat in dem schon erwähnten Vortrag über „Entwicklungslinien der organischen Chemie" dem Altmeister der Chemie, wie er BERZELIUS nennt, aus der Sicht des organischen Chemikers die gebührende Würdigung zuteil werden lassen [25].

Ich möchte diese skizzenhaften Darstellungen des Lebens und Wirkens von JACOB BERZELIUS nicht abschließen, ohne auch auf sein Zusammentreffen mit GOETHE einzugehen.

Aus gesundheitlichen Gründen fuhr BERZELIUS 1822 zusammen mit seinem Freund CRUSELL, einem damals berühmten Klarinettenspieler und Tonsetzer, nach Karlsbad. In seinen Aufzeichnungen schreibt BERZELIUS: „In Karlsbad machte ich eine Reihe wissenschaftlich interessanter Bekanntschaften" So ging es ihm hier wie stets, ob auf Reisen oder daheim, zum Maßstab seiner Einschätzung machte er stets das, was er an neuem erfuhr und wer ihm an interessanten Persönlichkeiten begegnete. Von Karlsbad aus besuchte BERZELIUS im Juni Marienbad und Eger, er schreibt hierüber: „STERNBERG begleitete uns nach Eger, dort hielt sich der berühmte Dichter und Naturforscher Baron von GOETHE damals auf, dem er mich vorstellte. Dieser empfing mich mit einer Miene und Gebärde, als sei er von der neuen Bekanntschaft nicht gerade sehr entzückt, auch sprach er kein Wort mit mir. Doch ich war schon zufrieden, daß mir Gelegenheit geboten war, den durch Verdienste jeder Art so ausgezeichneten Mann auch nur gesehen zu haben" [29].

Die anfängliche Kühle GOETHES schwand sehr bald, als bei einer mineralogisch-geologischen Exkursion beide ins Gespräch und zur Klärung einer vulkanologischen Streitfrage kamen. Auf Veranlassung von GOETHE blieb BERZELIUS noch einen weiteren Tag im gleichen Gasthaus wie er, und BERZELIUS führte GOETHE den Gebrauch des Lötrohres für die Gesteinsanalyse vor. „GOETHE war von der genauen Auskunft, die das Instrument gab, so eingenommen, daß ich eine Menge der von ihm gesammelten Sachen mit dem Lötrohr prüfen mußte." ... „Als ich ihm zeigte, wie leicht man, durch eine schöne Reaktion, Titan mit dem Lötrohr nachweisen kann, beklagte er es bitterlich, daß seine Jahre ihn hinderten, sich im Gebrauch des Instrumentes auszubilden. Es wurde dunkel, ehe er sich an den Lötrohrversuchen sattgesehen hatte, und noch am anderen Morgen, vor der Abreise, mußte ich ihm einige Mineralien untersuchen" [30].

Über diese Begegnung mit BERZELIUS schrieb GOETHE an seinen Sohn: „Die

Unterhaltung war lebhaft und lehrreich, letzterer (Berzelius) ließ die schönsten Versuche mit dem Lötrohr sehen. Wenn sich nur alles im Gedächtnis fixieren wollte“ [31]. Wie eindrucksvoll für Goethe diese Begegnung mit Berzelius gewesen war, mag auch daraus hervorgehen, daß Berzelius' neues System der Mineralogie für Goethe die Lektüre des Weihnachtsabends 1822 darstellte [32].

Wir sind damit am Ende dieser kleinen Skizzen aus dem Leben von Jöns Jacob Berzelius, dessen Wirken und dessen Begegnungen mit großen Zeitgenossen noch so viele Höhepunkte hat, daß allein die bloße Aufzählung der Begebenheiten noch viele Seiten dieses Würdigungsbeitrages füllen könnten.

So sind wir hier auch nicht auf die Schaffung der chemischen Zeichensprache durch Berzelius und ebenso nicht auf seine Vorstellungen zur Katalyse eingegangen (er prägte den Begriff der Katalyse als erster und erkannte ihre grundsätzliche Bedeutung für die Chemie uud die Lebensprozesse). Es kann nur erneut auf die eingangs schon erwähnte Literatur über Berzelius hingewiesen werden, denn es ist einfach unmöglich, in einem solchen kurzen Vortrag dem Lebenswerk dieses Mannes auch nur annähernd gerecht zu werden.

Lediglich ein letzter Hinweis auf die vielfältigen Interessengebiete von Berzelius sei hier noch gegeben, der mir aus toxikologischer Sicht bedeutsam erscheint. Daß Berzelius auch mit dem Wissensstand der Toxikologie seiner Zeit vertraut gewesen ist, geht daraus hervor, daß sich in der Privatbibliothek von Berzelius das Buch des großen französischen Toxikologen M. P. Orfila „Secours a donner aux personnes empoisonnées ou asphyxiées...“ befand [33]. Das Buch ist mit einer hochachtungsvollen Widmung für Berzelius von Orfila versehen und macht deutlich, wie sehr Berzelius auch außerhalb der „reinen Chemie“ gewürdigt wurde. Ich verdanke den Hinweis auf diese Verbindung zwischen Orfila und Berzelius dem Direktor des Departments für Toxikologie der Karolinska Institute Stockholm, Herrn Professor Bo Holmstedt, der bei seinen wissenschaftshistorischen Studien zur Toxikologiegeschichte das Original dieses Buches aufgefunden hat. Es befindet sich jetzt im Besitz der Königlich-Schwedischen Akademie der Wissenschaften in Stockholm. Möglicherweise bringt die Verfolgung dieser „Spur“ für die Wissenschaftshistoriker noch weitere Materialien über die Kontakte zwischen Berzelius und Orfila zutage.

Mit dieser kleinen Episode über die Beziehungen von Berzelius zur Toxikologie seien die Skizzen aus dem Leben des großen schwedischen Gelehrten abgeschlossen.

In wachsendem Wohlstand, mit Orden und Ehrungen reich bedacht, in den Freiherrnstand erhoben und Ende 1835, d.h. in seinem 56. Lebensjahr, noch verehelicht, arbeitet Berzelius rastlos bis zu seinem Tode am 7. August 1848 in Stockholm. Er war wie sein großer Landsmann Linné ein Wegbereiter, der – wie es einmal sein Schüler Heinrich Rose formulierte [34] – „einer ganzen Wissenschaft die Richtung auf Jahrhunderte“ gegeben hat [35] [36].

Literatur

[1] Hoppe, G., C. G. Bernhard, W. Odelberg: Ansprachen, gehalten am 20. 8. 1979 in Stockholm (im Druck).
Aus der Ansprache des Ständigen Sekretärs der Königlich-Schwedischen Akademie der Wissenschaften seien die folgenden kurzen Ausschnitte hier zitiert (Übersetzung Kh. L.): „In der Akademie verlangte er mit Nachdruck Klarheit und wissenschaftliche Strenge. Die Berzeliusschen Reformen, sein starkes persönliches Engagement bei den Tätigkeiten der Akademie und sein offener Blick für die praktischen Anforderungen in den verschiedenen Situationen schufen tatsächlich eine Bereitschaft angesichts aller Aufgaben der Akademie, die wir heute als wesentlich ansehen, um die Stellung der Naturwissenschaften zu wahren. Dies kam durch die internationalen Verbindungen, durch die Tätigkeiten der Institutionen, durch die wissenschaftlichen Veröffentlichungen, durch die Urteile der Experten zu gesellschaftlich wichtigen Fragen und durch die Aufklärungstätigkeit gegenüber der Allgemeinheit zum Ausdruck... Er warnte vor wissenschaftlicher Eitelkeit, Oberflächlichkeit in der Arbeitsweise und vor der Unterlassung, die Verdienste anderer nicht anzuerkennen. Wenn er Schwindel oder moralischen Leichtsinn antraf, konnte das folgendermaßen klingen: ‚Der Kerl ist ein Scharlatan in des Wortes wahrster Bedeutung. Er ist voller gemeiner Unterstellungen und folglich nicht bloß ein theoretischer Narr, sondern zugleich ein Flegel. Das Bedürfnis, die Gunst der Stunde und die Möglichkeit zu nutzen, seine Produkte sofort zum Markte zu tragen, ist ein großes Hindernis für die Herausbildung gründlicher und zuverlässiger Wissenschaftler. Der Hunger nach kleinen Portionen von Ruhm treibt sie zu dem Versuch, diesen auf Kosten des Urteils der Nachwelt zu befriedigen. So kann sein anfangs vielversprechender Ruf pleite gehen.‘... Wir sollen dabei auf die Worte des altehrwürdigen Berzelius in dem flammenden Ausspruch über die Moral der Wissenschaft und darüber, was die Forschung von ihren Jüngern verlangt, hören: ‚Wir müssen die richtigen Fragen an die Natur stellen und geduldig die Antworten abwarten. Arbeitshypothesen können Brücken zur Wahrheit sein, aber auch Rutschbahnen zu Irrtum und Verwirrung. Unser Zeitalter liebt die Wahrscheinlichkeiten und die verlockenden Einfälle, doch lassen wir uns nicht von dem Irrlicht blenden. Beachten wird die Warnung des Ikarus: Es ist leicht auf den Schwingen der Hypothesen zu fliegen, doch die Sonne schmilzt deren Wachs.‘... Die Geschichte zeigt, daß es innerhalb der Naturwissenschaften, im schöpferischen Teil, bei den Höhepunkten und den entscheidenden Durchbrüchen auf wenige Individuen ankommt. Berzelius war eines davon. Leider ist es unmöglich vorauszusagen, wann eine Persönlichkeit mit Berzeliusschen Qualitäten auftauchen wird; doch wenn sie auftaucht, müssen wir bereit sein, auf deren Qualitäten zu setzen."
Am 5. Juni 1979 haben die Karolinska-Institute in Stockholm in einer Festveranstaltung Jöns Jakob Berzelius gedacht. Die in diesem Zusammenhang gehaltenen Festvorträge wurden (unter der Redaktion von Anne Teorell-Henriksson) vom Informationssekretariat der Karolinska-Institute in einer bebilderten Gedenkschrift veröffentlicht: „Jöns Jacob Berzelius — en av Karolinska Institutets Grundare", Stockholm 1979.

[2] Beiträge aus der schwedischen Tages- und Wochenpresse vom 20. und 21. 8. 1979 (Auswahl beziehbar über AB Pressurklipp, 10220 Stockholm 12).
Siehe u. a. auch R. J. Listell „Immortal Swedish Chemist", SCANORAMA, Okt./

Nov. 1979, S. 101–103; sowie J. TROFAST, Jöns Jacob Berzelius och den nya kemin, Kemisk tidskrift Nr. 8, Bd. **91**, Aug. 79, S. 20–29.
[3] HOLMBERG, A./W. ODELBERG: Bibliografi över Berzelius (herausgegeben von der Königlich-Schwedischen Akademie der Wissenschaften) 1933 bis zur Gegenwart in me hreren Bänden und Ergänzungen. Diese Bibliographie ist die umfassendste und beste Dokumentation aller Arbeiten von und über Berzelius.
[4] Siehe auswahlweise
– BUGGE, G.: Das Buch der großen Chemiker, I. Band, S. 428–449, Weinheim/Bergstraße, unveränderter Nachdruck 1955 der Ausgabe von 1929.
– JORPES, J. ERIK: JAC. Berzelius, his Life and Work, Bidrag tile Kungl. Svenska Vetenskapsakademiens (Historia VII) Almquist and Wiksell, Stockholm 1966.
– PRANDTL, W.: Humphrey Davy und J. Jakob Berzelius, Band 3 der Reihe Große Naturforscher (hrsg. von H. W. Friekhinger), Stuttgart 1948.
– KROOK, H.: Berzelius, Stockholm 1979.
– Siehe auch [11].
[5] „Jakob Berzelius: Selbstbiographische Aufzeichnungen", hrsg. von H. G. SÖDERBAUM (in deutscher Übersetzung bearbeitet von G. W. A. KAHLBAUM), Leipzig 1903, (Reprint Leipzig 1970).
Ein Faksimile-Nachdruck der Ausgabe von H. G. SÖDERBAUM aus dem Jahre 1901 (Jac. Berzelius, Biografiska, Anteckninger) erfolgte 1979 in Stockholm von der Königl. Schwedischen Akademie der Wissenschaften.
[6] Ebenda, S. 3.
[7] Ebenda, S. 6.
[8] Ebenda, S. 7.
[9] Ebenda, S. 11.
[10] WINDERLICH, R.: Ztschr. für den physikal. u. chem. Unterricht **42** (1929), Heft 5, S. 193
[11] SÖDERBAUM, H. G.: Berzelius' Werden und Wachsen, 1779–1821, Leipzig 1899 (Reprint Leipzig 1970).
[12] Ebenda, S. 19.
[13] Siehe [5], S. 29.
[14] Siehe [5], S. 35.
[15] Siehe [5], S. 40.
[16] Siehe [5], S. 45.
[17] Siehe [5], S. 46.
[18] Siehe [5], S. 45/46.
[19] Schweiggers Journal für Chemie und Physik **2** (1811), S. 297.
[20] BERZELIUS, J.: Lehrbuch der Chemie, 5. Aufl., Bd. **3** (1845), S. 1101.
[21] Siehe [10], S. 195/196.
[22] Siehe [5], S. 64.
[23] Siehe [5], S. 66.
[24] Jahresbericht **15**, S. 228, zit. bei [10].
[25] TREIBS, W.: Entwicklungslinien der organischen Chemie, Berichte über die Verhandlungen der Sächsischen Akademie der Wissenschaften zu Leipzig; math.-naturwiss. Klasse, Band 102, Heft 7, S. 6, Berlin 1957.
[26] LOHS, KH.: Wissenschaft und Fortschritt **28** (1978) Heft 12, S. 458–462.
[27] JACOB BERZELIUS: Reiseerinnerungen aus Deutschland, Ausgewählt und eingeleitet G. KLINGEMANN, Weinheim/Berlin 1948.

[28] Siehe [10], S. 203.
[29] Siehe [5], S. 80.
[30] Siehe [5], S. 83.
[31] Voigt, W. und U. Sucker: Johann Wolfgang von Goethe als Naturwissenschaftler, Leipzig 1979, S. 70.
[32] Ebenda, S. 70.
[33] Orfila, M. P.: Secours – a donner aux persomes empoisomßees, Paris 1818.
[34] Siehe [27], S. 30.
[35] Aus Anlaß des 200. Geburtstages von J. J. Berzelius ist durch die Königlich-Schwedische Akademie der Wissenschaften als eine besonders bemerkenswerte Publikation von Jan Trofast der Briefwechsel zwischen Berzelius und Palmstedt herausgegeben worden (Brefväxlingen mellan Jöns Jacob Berzelius och Carl Palmstedt. Del 1, Lund 1979).
Vorerst liegt diese äußerst lesenswerte Ausgabe nur in schwedischer Sprache vor; Band 2 befindet sich in Vorbereitung.
[36] Eine gekürzte und bebilderte Fassung des hier in den Sitzungsberichten der AdW der DDR gedruckten Vortrages vom 25. 10. 79 erschien im Heft 12/1979, S. 456–459 der Zeitschrift „Wissenschaft und Fortschritt“ (Akademie-Verlag, Berlin).

Imre Hronszky

Atome und Affinitäten

Sucht man nach einem Problem, das sowohl Jöns Jakob BERZELIUS als auch August KEKULÉ gleichermaßen beschäftigte, so kann man zu der Überzeugung kommen, daß die wichtigste Gemeinsamkeit ihrer Tätigkeit in der Teilnahme an der Entwicklung der klassischen chemischen Lehre vom Aufbau der Materie besteht. Beide Forscher haben viel Wert darauf gelegt, die theoretische Seite der Chemie zu entwickeln. Eine kurze Übersicht über einige der Entwicklungslinien dieser Lehre bis zur klassischen Strukturtheorie soll die Leistungen beider Naturforscher im historischen Kontext der Genese des neuzeitlichen chemischen Atomismus zeigen.

Man kann die Geschichte der neuzeitlichen Atomlehre, zumindest für die Entwicklung der chemischen Theorien, in drei Hauptetappen einteilen:

1. Atomismus des 17. und 18. Jahrhunderts;
2. klassische chemische Atomlehre des 19. Jahrhunderts;
3. moderne Theorie der Atome auf der Basis der Quantenmechanik[1].

Es ist zweckmäßig, die Übersicht mit NEWTONS Gedanken zu beginnen, die er in der berühmten 31. Query dargelegt hat.[2] NEWTON skizzierte darin eine Materieauffassung, die ein Jahrhundert lang als richtungweisend angenommen wurde und deren Wirkung sich weit bis in das 19. Jahrhundert erstreckte. Nach seinem Modell wurde die (tote) Materie durch verschiedene (immaterielle) Kräfte als aktive Agenzien in Bewegung gehalten. Die Stoffe selbst waren danach teilbar bis hin zu endgültig unteilbaren, absolut festen Teilchen, den Atomen. Diese Atome waren von einheitlicher Natur. NEWTON vermutete, daß sich die kleinsten Teilchen zu komplexeren Einheiten vereinigen können, die ihrerseits wiederum in der Lage seien, noch komplexere zu bilden usw. Er nahm an, daß die größeren, komplexeren Teilchen von Kräften zusammengehalten werden, die schwächer als jene sind, die die kleineren Teilchen zusammenhalten. Analog zu den bekannten „Kräften" der Gravitation, des Magnetismus und der Elektrizität vermutete er, daß zwischen den Teilchen gewisse „Kräfte" besonderer Art wirkten, die für die chemischen Erscheinungen verantwortlich seien. Diese Kräfte sollten eine geringe Reichweite besitzen. In kleinen Entfernungen würden sie als Anziehung, in unmittelbarer Nähe der Teilchen als Abstoßung wirken. Ferner vermutete NEWTON, daß die

Anziehung eventuell elektrischer Natur sei. Die Aufgabe der Wissenschaft sei es danach, diese Kräfte mittels Analyse nachzuweisen und aus ihnen alle übrigen Erscheinungen herzuleiten[3].

Im Rahmen des NEWTONschen Naturbildes und seiner Forschungsmethodologie entfalteten sich auch in der Chemie eifrige Untersuchungen. Das NEWTONsche Programm hatte aber mehrere, voneinander verschiedene Wege ermöglicht. So hat man schon zu Lebzeiten NEWTONS z.B. darüber spekuliert, wie die Bewegungsgesetze der chemischen Erscheinungen auf deduktivem Wege in Analogie zu den Bewegungsgesetzen der Mechanik erklärt werden könnten. J. KEILL und etwas später J. FREIND ließen Schriften erscheinen, in denen — nach dem von NEWTON in den „Principia" gegebenen Hinweis — über eine Kraft spekuliert wurde, deren Stärke dem Quadrat der Entfernung umgekehrt proportional sei. In der Blütezeit der Spekulation über die Affinitäten haben viele Naturforscher abweichend von NEWTONS Gedanken versucht, die chemischen Erscheinungen — ihre prinzipielle Möglichkeit — aus der Gravitation zu erklären. Sie vermuteten, daß man durch Hypothesen über die Gestalt der Teilchen (als modifizierender Faktor für die Wirkung der Gravitation) die Affinität könne (z.B. BUFFON).

Wegweiser für die Chemie wurde nicht nur die Arbeitsweise der „Principia", sondern auch, wie es in NEWTONS Absicht lag, die der „Opticks". Das Programm, die Affinitäten empirisch nachzuweisen und experimentell zu bestimmen, führte zu wichtigen Untersuchungen. GEOFFROYS Tabelle (1718) faßte die vorliegenden Kenntnisse der Chemiker auf diesem Gebiet als empirische Generalisierung zusammen. Auf einem relativ niedrigen Niveau der empirischen Begriffsbildung wurden die affinen Beziehungen in der Tabelle als „kleinergrößer", d.h. als komparative charakterisiert.

Was bedeutete zu dieser Zeit eigentlich „Affinität"? Zusammenfassend könnte man sagen, daß mit der Affinität die hypothetische Ursache der chemischen Reaktionen gekennzeichnet wurde. Selbstverständlich, dieser Begriff war weitgehend offen, unbestimmt – auch auf der Ebene der Naturphilosophie. Das allgemeine Bild ermöglichte verschiedene theoretische Varianten. Anders als in der Mechanik oder Elektrizitätslehre war die Entfernungsabhängigkeit der chemischen Affinität etwas nur mittelbar Nachweisbares, durch Analogien Begründetes. Das Arsenal der Experimente zur Erforschung der Affinität war dagegen allzu beschränkt. Es wurde eine zum Wesen der Stoffe gehörende Eigenschaft, eine Art Wirkungsfähigkeit vermutet, und man nahm in dem einfachsten Modell einen Prozeß nach dem Schema $AB + C \leftrightharpoons AC + B$ an. In der zweiten Hälfte des 18. Jahrhunderts entdeckte man dann die Abhängigkeit der Erscheinungsform der Affinität von den Randbedingungen, z.B. von der Temperatur oder der Gesamtheit der an der Reaktion beteiligten Partner. BERGMAN hat diese Erkenntnisse zusammengefaßt und generalisiert. Er teilte die Affinitäten in zwei Typen auf: in die auf „nassem" und die auf „trockenem" Wege gewonnenen.

Die Affinität war die vermutete allgemeine Ursache in der Chemie, und man wollte überall die Wirkung der Affinität bzw., wie sie damals meistens genannt wurde, der „Verwandtschaftskraft" erblicken. So entwickelte sich einerseits eine bestimmte Terminologie (MACQUER unterschied sechs Typen von Affinitäten), und andererseits waren viele, auf quantitative Messungen orientierte Experimente in der Hoffnung durchgeführt worden, quantitative Affinitätswerte zu gewinnen. Dabei wurden verschiedene Prozesse und Eigenschaften untersucht. Die Chemie machte sich auf den Weg, fachwissenschaftliche Exaktheit zu erreichen. Guyton de MORVEAU beschäftigte sich z. B. mit Messungen der Adhäsion von Quecksilber an anderen Metallen, C. F. WENZEL untersuchte die Geschwindigkeiten der Auflösung verschiedener Metalle in Säuren. Er war der Ansicht, daß eine größere Affinität eine größere Reaktionsgeschwindigkeit zur Folge habe. KIRWAN bevorzugte Untersuchungen der Volumenverringerung, in der Überzeugung, sie wären das Ergebnis der Verbindung von Partnern größerer Affinität.

Andere Untersuchungen auf dem Gebiet der „Affinitäts-Forschung" führten zur Begründung der Stöchiometrie. J. B. RICHTER führte quantitative Untersuchungen an Neutralisationsreaktionen durch. Seine Ergebnisse waren die „Äquivalente" von Säuren und Basen. In der Annahme, daß zwischen diesen Zahlen und dem Gewicht der einander ersetzenden Körper ein direkter Zusammenhang bestehe, wollte RICHTER mit ihnen die Wirkung der Affinität charakterisieren[5].

NEWTON veranlaßte eine Serie von theoretischen Spekulationen und experimentellen Forschungen. Sie führten zu einer rationelleren Fassung der früheren anthropomorphen Begriffe der Chemiker über die Affinität. NEWTONS Modell bot einen theoretischen Rahmen für die Anwendung der experimentell-analytischen Methoden der Physik in der chemischen Forschung. Durch das systematische Untersuchen solcher Erscheinungen, die als Erscheinungsform der Affinität aufgefaßt wurden, vermehrte sich das empirische Wissen der Chemiker. Dieses empirische Wissen zeigte immer mehr die Besonderheiten der „Verwandtschaftskraft", ihren Unterschied von der mechanischen Kraft. Anfang des 19. Jahrhunderts erreichte die Chemie in den Ansichten BERTHOLLETS eine verfeinerte Sicht der chemischen Prozesse und Gleichgewichte[6].

Durch die LAVOISIERsche Chemie wurde der Begriff des *chemischen* Elements fest eingewurzelt, und zwar in einer sehr widersprüchlichen Art und Weise. Experimentell konnte man im Prinzip bei jedem Stoff feststellen, ob es sich um einen einfachen, d.h. um ein Element handelte, weil man ein eindeutiges operationales Kriterium gewonnen hatte. Die ontologische Charakterisierung des chemischen Elements ist bei LAVOISIER jedoch weitgehend offen geblieben. Er neigte dazu, in der Elementarität eines Stoffes lediglich die Grenze der Leistungsfähigkeit jener Mittel zu sehen, die zur Zerlegung der Stoffe jeweils zur Verfügung stehen, und verstand sie damit ausschließlich als ein pragmatisches, nicht als ein ontologisches Merkmal. Seines Erachtens sollte es die

Aufgabe der Wissenschaft sein, die Gesetze der Erscheinungen aufzufinden, und nicht, Spekulationen über die Struktur der Materie anzustellen. Letztere könnten, so meinte er, ausschließlich zu Dogmatismus führen.

Im 18. Jahrhundert fand die Frage, ob die Zusammensetzung der Verbindungen konstant ist, kaum Beachtung. Sie wurde als mehr oder weniger konstant angenommen[7]. Es waren die Überlegungen BERTHOLLETS über die Wirkungen der Affinitäten, denen gemäß die Zusammensetzung der Verbindungen – im Prinzip – veränderlich sein sollte, und der Streit, der in dieser Frage zwischen ihm und PROUST ausgebrochen war, die die Aufmerksamkeit der Chemiker eindeutig auf diese Problematik lenkten. Aus der Erfahrung heraus war man aber bereit zu glauben, daß die Proportionen konstant sind, und PROUSTS Experimente haben diesen Glauben zur Überzeugung verstärkt.

Die Chemiker des 18. Jahrhunderts schenkten der Untersuchung der „bewegenden Kraft" viel mehr Aufmerksamkeit als der Erforschung der Materiestruktur. Termini wie „Molekül" wurden ziemlich frei, einfach als Synonym für „Teilchen" benutzt. Es war ein ganzer Komplex von Ursachen und Faktoren, der dazu beitrug, daß die Verhältnisse zwischen den Massen den reagierenden Stoffen als Untersuchungsgegenstand in den Vordergrund rückten. Die ursprünglich aus physikalischen Problemstellungen erwachsene Lehre DALTONS ging davon aus, daß die *chemischen* Elemente ein besonderes Niveau des Aufbaus der Materie bilden und durch ein für jedes Element spezifisches Gewicht charakterisierbar sind.

DALTON hat zwischen 1803 und 1808, allerdings nur zögernd, seine Theorie der Öffentlichkeit bekanntgegeben. Die Lehre war attraktiv, weil sie die Proportionsgesetze erklärte, das Gesetz der multiplen Proportionen sogar voraussetzte. Die Lehre stand vor der Aufgabe, aus den empirisch ermittelten Gewichtsdaten die Atomgewichte zu bestimmen. Den Mangel an Wissen über die atomare Zusammensetzung der Moleküle überwand DALTON durch die Einführung des „Prinzips der Einfachheit". Danach sollte, sofern keine zwingenden Gründe für andere Annahmen bekannt waren, die einfachste Verbindung von zwei Elementen als aus einem Atom „A" und aus einem Atom „B" bestehend aufgefaßt werden. Weshalb man gerade diese Zusammensetzung für vernünftig halten solle, hat DALTON zwar mit Argumenten begründet, jedoch fanden sie keine allgemeine Anerkennung, und das „Prinzip der Einfachheit" wurde als willkürlich beurteilt[8].

DALTONS chemische Atomlehre brachte in vielerlei Hinsicht eine neue Situation in die Chemie. Mit dem Begriff „Atom eines chemischen Elements" war der Begriff des chemischen Elements strukturell konkretisiert worden. Diese Innovation stand sowohl zum NEWTONschen als auch zum LAVOISIERschen Programm in Widerspruch, und, was noch wichtiger schien, sie widersprach in mancher Hinsicht den möglichen Extrapolationen der empirischen Forschung, in der man gerade zu glauben begann, daß die früher als einfach erwiesenen Elemente mit stärkeren Kräften auflösbar sind. Die experimentellen Befunde, die sich mit der neuen VOLTAschen Säule (DAVY) erzielen ließen, berechtigten zu der Hoffnung, daß mindestens bei einigen der zeitweilig als Elemente bezeichneten Stoffe ihre Zusammengesetztheit nachgewiesen und damit die Zahl der Elemente reduziert werden könne. Ebenso wie DAVY hat auch BERZELIUS lange Zeit über die Zusammengesetztheit einiger elementarer Stoffe, z.B. des Stickstoffs, spekuliert.

Um 1810 wurde DALTONS Lehre in breiten Kreisen bekannt. Sie war anziehend, weil man die Proportionsgesetze deduzieren konnte. Die Anhänger der chemischen Atomlehre fanden in ihr vor allem Gründe, die die Möglichkeit der Bestimmung der richtigen Atomgewichte bekräftigten. Man hoffte, aus der Hypothese eine strenge wissenschaftliche Theorie entwickeln zu können.

Die wichtigste Neuheit in der Chemie, zumindest nach Meinung der damaligen Chemiker, war an der Wende vom 18. zum 19. Jahrhundert die stürmische Entfaltung der elektrochemischen Untersuchungen. Neben vielen anderen Forschern hatte sich auch BERZELIUS ab 1802 an den elektrochemischen Experimenten eifrig beteiligt. Ihm gelang (gemeinsam mit HISINGER) die wichtige empirische Generalisierung des Verhaltens der Salze bei der Elektrolyse und (gemeinsam mit PONTIN) die Herstellung des Ammoniumamalgams. Soweit es heute bekannt ist, hat er in dieser Zeit jedoch kaum Anteil an den theoretischen Spekulationen der Elektrochemie genommen.

Einige deutsche Romantiker spekulierten schon in den ersten Jahren des 19. Jahrhunderts über den Zusammenhang zwischen Elektrizität und Affinität. Es war allerdings in erster Linie DAVYS Skizze aus seiner ersten Bakerian Lecture von 1806, die richtungsweisend wurde. Versucht man mit einem Satz die uns hier interessierende Erkenntnis zusammenzufassen, so kann man behaupten, daß eine innere Verwandtschaft zwischen Elektrizität und chemischer Affinität schon als bewiesen galt und DAVY darüberhinaus annahm, daß beide eventuell identisch seien.

Ebenfalls gegen 1810 bildeten sich verschiedene Linien der Untersuchung dieses Verhältnisses heraus. OERSTED z.B. folgte dem Weg der Naturphilosophie und skizzierte einen allgemeinen Zusammenhang zwischen allen bekannten „Kräften“. Er meinte, die wichtigste Aufgabe der Zeit sei die theoretische Verallgemeinerung in einem zusammenfassenden Naturbild. Auch sprach er in diesem Zusammenhang über die Identität von chemischer Affinität und Elektrizität [1]. DAVY war schon in seinen „Elements of Chemical Philosophy“, in denen seine Methode der Theorienbildung eine starke Verwandtschaft zu der der Naturphilosophie aufwies, der Meinung, daß diese Kräfte verschiedene Entitäten und Erscheinungen ein und derselben Grundkraft seien[9].

Es sei eine der besten Darstellungen, die die Chemie jemals bereichert haben, lobte BERZELIUS das in der Bakerian-Lecture von 1806 beschriebene systematische Experimentieren und die gezogenen Schlüsse. Die „Elements of Chemical Philosophy“ las er in England noch im Erscheinungsjahr 1812. Wie seine Kritik beweist, war er enttäuscht davon: „Große Geister widmen oft allzu wenig

Bedeutung den Einzelheiten und können sich vielleicht nur auf breite und allgemeine Ansichten konzentrieren" [2]. BERZELIUS interessierte sich sehr für die elektrische Theorie der Affinitäten; er war jedoch nicht bereit, der Spekulation bis zur Naturphilosophie zu folgen. Im Gegenteil, er versuchte den Gegenstand der Spekulation so weit zu beschränken, als es „zur Erklärung der Erscheinungen notwendig ist", und machte diesen Anspruch sogar innerhalb der Fachwissenschaft geltend.

Etwa bis 1818 wuchsen die BERZELIUSsche Proportionslehre, seine Atomlehre und seine elektrochemische Lehre der Kombination zu einer einheitlichen Theorie zusammen. Fassen wir zusammen, wie sich BERZELIUS' Stellung zu dieser Problematik gestaltete und veränderte. Diesen Prozeß skizzierte LUNDGREN kürzlich in einer profunden Arbeit folgendermaßen: „In seinem ‚Lárbok i kemien', 1. Band, diskutierte Berzelius die Affinität. Seine Ansichten waren nicht originell. Affinität und Elektrizität setzte er noch nicht miteinander gleich, obwohl er schon dazu tendierte. Wichtiger für ihn war, auf diesem Wege die chemischen Proportionen näher zu untersuchen und so quantitative Bestimmungen der chemischen Affinitäten zu erreichen." [3] (Wir dürfen nicht vergessen, daß man damals in den chemischen Proportionen die Erscheinungsform der Affinität zu erblicken glaubte.)

Um 1810 sah BERZELIUS die wichtigste Aufgabe in der näheren Untersuchung der Proportionsverhältnisse. „Nach Proust war man von der Richtigkeit der gewissen Proportionsgesetze überzeugt, nur wusste man bisher nicht, ob diese Sprünge für alle Körper nach ein und demselben Gesetz oder nach unbestimmten, jedem Körper ganz eigenen Verhältnissen geschehen", schrieb er im Jahre 1811 [4]. Als Ergebnis seiner Untersuchungen sah er die Erkenntnis bestimmter allgemeiner Gesetze an.

Er verstand seine Untersuchungen als Fortführung der Affinitätsforschung. „Diese Ansicht der Körperverbindungen würde über die Verwandtschaftslehre ein solches Licht verbreiten, dass, wenn Daltons Hypothese für richtig befunden wird, diese als der grösste Schritt anzusehen wäre, den die Chemie zu ihrer Vollkommenheit, als Wissenschaft, noch je getan hat." [5]

BERZELIUS wußte von DALTONS Hypothese seit etwa 1806. Im Sommer des Jahres 1812 las er auch DALTONS Buch. Wie LUNDGREN berichtet, erkannte BERZELIUS ihre Bedeutung für die Chemie noch nicht, als er zum erstenmal mit dieser Lehre Bekanntschaft machte; 1812 dagegen sah er sie als eine vielversprechende Hypothese an. In einem Briefwechsel zwischen BERZELIUS und DALTON (1812) erkannte BERZELIUS, daß die Theorie der chemischen Atome die Lehre der chemischen Proportionen verständlich macht, sah aber zugleich auch Widersprüche zur Empirie. Letztere verhinderten, daß er sich an die Theorie band.

LUNDGREN charakterisiert die Situation folgendermaßen: „Eine wichtige Differenz zwischen Dalton und Berzelius bestand darin, daß ersterer mit der atomistischen Theorie startete und danach die chemischen Proportionen erklärte, während der zweite in seinem Laboratorium die chemischen Proportionen begründete und erst danach nach ihrer Erklärung suchte. Die atomistische Theorie war für ihn noch nicht Wesenssache." [6]

Das Volumengesetz von GAY-LUSSAC konnte BERZELIUS um 1809/10 kennenlernen. Er sah keinen grundsätzlichen Unterschied zwischen DALTONS und GAY-LUSSACS Ergebnissen (ein ziemlich überraschender Aspekt, bedenkt man, daß er an seiner Meinung auch später festhielt) und fand, daß das Volumengesetz als eine empirische Verallgemeinerung für experimentelle Untersuchungen wichtiger sei. In der ab 1813 erschienenen berühmten Artikelserie [7] betonte BERZELIUS, daß die Bestimmung der Ursache der chemischen Proportionen das Hauptanliegen der chemischen Theorie ausmacht. Er erkannte auch, daß die Idee der Atome für die Widerspiegelung der Realität am wahrscheinlichsten ist. Trotzdem sah er nach wie vor ungelöste Probleme und gab der Volumen-Hypothese den Vorzug[10].

Um 1815 (1814 hatte sich eine wichtige Diskussion um WOLLASTONS „The Synoptic Scale of Chemical Equivalents" entsponnen, die einen konkurrierenden empirischen Weg empfahl) vergrößerte sich die Zahl der Kritiker der DALTONschen Lehre. Auch BERZELIUS gebrauchte statt der Wortes „Atom" lieber den Terminus „Volumen".

Seit er die quantitativen Daten DALTONS kennengelernt hatte, war er mit ihnen, und das war keine Überraschung, unzufrieden. Eine ähnliche Meinung hatte er auch über DAVYS und YOUNGS Proportionsgewichte. 1813 entschloß er sich daraufhin, seine vielleicht bedeutendste Arbeit, die Bestimmung der „Atomgewichte", oder, wie er im Jahre 1813 selbst sagte, „der Gewichte der Volumen der Elementarkörper" experimentell durchzuführen.

Mit dem Jahr 1816 entschied er sich zugunsten der Atomvorstellung. 1818 veröffentlichte BERZELIUS zwei wichtige Resultate: zum einen die „Atomgewichte", zum anderen die Lehre vom elektrochemischen Dualismus – die elektrische Erklärung der chemischen Kombination.

BERZELIUS arbeitete jahrzehntelang an der experimentellen Bestimmung der Atomgewichte. Es ist bekannt, daß er durch eine Sisyphus-Arbeit so exakte quantitative experimentelle Bestimmungen angab, daß die ermittelten Werte, und dann auch nur einzelne von ihnen, erst etwa fünfzig Jahre später präzisiert werden konnten. Seine Messungen bildeten den Eckpfeiler der Materiestruktur-Theorie der Chemie. Die unmittelbaren Ergebnisse waren bestimmte experimentell ermittelte Zahlen, und *durch weitere Argumentation mußte man*, teilweise durch Analogieschlüsse, *begründen, was dann für den jeweiligen Atomgewichtswert gehalten wurde*. Die Unterscheidung dieser Leistungen ist notwendig, wenn man die Geschichte der chemischen Atomlehre bis 1860 (CANNIZZARO) durchdenken will.

Seit CANNIZZAROS Überlegungen ist es allgemein bekannt, daß die theoretischen Grundlagen der chemischen Atomlehre bis zum Jahre 1811 hinreichend festgelegt worden waren. Das Gesetz von GAY-LUSSAC und die *zwei* AVOGADROschen Hypothesen haben die DALTONsche Lehre hinreichend ergänzt, um die Atomgewichte im Prinzip bestimmen zu können. Wären diese zwei AVOGADROschen Hypothesen zum damaligen Zeitpunkt von der wissenschaftlichen Öffentlichkeit angenommen worden, was zumindest *theoretisch* möglich gewesen wäre, so hätte es nicht noch fast eines halben Jahrhunderts bedurft, um ein einheitliches Fundament für das Gebäude der Atom- und Molekulartheorie zu schaffen. Gegen dieses Gebäude mußten damals allerdings begründete Einwände erhoben werden. Die Hypothese über die zwei- oder mehratomigen *Elementmoleküle* verlangte die Anerkennung der *Vereinigung gleichgeladener Atome*. Ein derartiger Gedanke wäre aber für jene Chemiker, die gerade über die elektrische Natur der Affinität spekulierten, überhaupt unverständlich und unannehmbar gewesen.

BERZELIUS' experimentelle Atomgewichtsbestimmungen basierten *auf einer widersprüchlichen Grundlage*. Zum einen erklärte er die durch Vergleich der spezifischen Gewichte sog. „beständiger Gase" gewonnenen Proportionen unmittelbar als Atomgewichte. Zum anderen versuchte er, aus der Volumenbestimmung der kombinierenden Gase sowie durch chemische Analogien die Atomgewichte zu bestimmen. Die eine Aufgabe war es, die Gewichtsmessungen experimentell geschickt durchzuführen, die andere bestand darin, die Atomgewichte durch Spekulation aus diesen Messungen abzuleiten. Es muß ausdrücklich darauf hingewiesen werden, daß sich die Geschicklichkeit von BERZELIUS in den sehr präzisen Gewichtsmessungen keineswegs erschöpfte, wie es nicht selten dargestellt wird, sondern sich auch in der meisterhaften *Anwendung der Analogien*, die ergänzende Informationen gaben, offenbarte. Auch diese Seite der Arbeit war wichtig.

Nebenbei bemerkt scheint die Geschichte der chemischen Atomlehre des 19. Jahrhunderts ein historisches Beispiel zu sein, dessen Rekonstruktion der heute in der (bürgerlichen) wissenschaftstheoretischen Literatur vorherrschenden holistischen und deduktivistischen Auffassung von der Wissenschaftsentwicklung erhebliche Schwierigkeiten bereiten würde.

Als nächstes stand man vor der Aufgabe, die Atomgewichte und Summenformeln zu bestimmen. Die Atomtheorie gab zwar Hinweise, doch diese mußten für jeden einzelnen Fall ergänzt werden. Das Ziel, Atomgewichte und Summenformeln zu bestimmen, hat diese Arbeit organisiert, jedoch nicht deduktiv gemacht. Andererseits wurden auf dem sich so ergebenden quasi-induktiven Weg die Erfahrungsgrundlagen (die Summenformeln) für den Valenzbegriff und der Begriff selbst entwickelt. Ohne die Atomtheorie hätte man niemals die Valenz entdeckt, und dennoch gab die Atomtheorie keinerlei Hinweise darauf, daß den Atomen Valenzen zuzuschreiben sind [8].

Wenden wir uns kurz den erkenntnistheoretischen Hintergründen der BERZELIUSschen Forschung zu. Sicher ist es nicht richtig, wenn PARTINGTON die BERZELIUSschen Zielsetzungen wie folgt charakterisiert: „Sein Hauptziel war es, die atomistische und elektrochemische Theorie in allen Teilen der Wissenschaft zu begründen." [9] PARTINGTON stellt mit dieser Behauptung BERZELIUS als einen stark deduktivistisch orientierten Forscher, als eine Art DALTON dar. Danach wären sämtliche von BERZELIUS in den Jahren von 1810 bis etwa 1815 erreichten Resultate über die Proportionsverhältnisse *beabsichtigte* Bestätigungen der Atomtheorie. Nach PARTINGTON gab BERZELIUS 1813 neue Atomgewichte bekannt. In Wirklichkeit aber beschäftigte er sich mit der Messung der „Volumengewichte". Obwohl er auch später keinen grundsätzlichen Unterschied zwischen beiden sah, war in dieser Zeit die Volumen-Hypothese für BERZELIUS noch sehr geeignet, das Bekenntnis zu einer Teilchentheorie zu vermeiden.

Es ist anzunehmen, daß das BERZELIUSsche Wissenschaftsideal immer eine auf sicheren empirischen Generalisationen beruhende und theoretisch erklärende Wissenschaft war. Daraus folgt aber keineswegs, daß man eine Teilchenhypothese als die Verwirklichung dieses Ziels annehmen muß.

Die Atomtheorie hat das Problem des Aufbaus der Stoffe in den Vordergrund gerückt. DAVY konnte noch im Jahre 1806 sorglos über die Kräfte zwischen den „Teilchen" reden, wobei relativ unbestimmt blieb, was man darunter eigentlich verstehen soll. Die Elementlehre, vereinigt mit den Proportionsgesetzen, aber ließ es als wahrscheinlich erscheinen, daß es eine besondere Stufe der Materiestruktur gibt – *die Stufe der kleinsten Teilchen der Elemente.*

Spätestens seit 1810 bestand bei BERZELIUS die Neigung, eine Theorie der Chemie zu entwickeln. Es ist wahr, daß er kein Naturphilosoph im Sinne der deutschen Romantiker war (er wollte nicht „die strengste Empirie mit der klarsten Spekulation in beständiger Eintracht halten", wie J. W. RITTER). Spekulationen wie die von DALTON, d.h. dessen rationalistische Einstellung, lagen ihm fern. Trotzdem versuchte er, *der Chemie* eine unitäre Auffassung zu geben. Es macht die Besonderheit der BERZELIUSschen Auffassung aus, daß er eine unitäre Erklärung der chemischen Erscheinungen, eine *fachwissenschaftliche Theorie* aufbauen wollte. Deshalb war er davon überzeugt, daß die Vorstellung über die Atome als Ursache der Proportionsverhältnisse und die Vorstellung über die elektrische Natur der Affinität vereinigt werden sollten. Man muß, so meinte er, die Gesamtchemie vor Augen haben, wenn man eine Theorie bildet. Die Forderung nach der unitären Auffassung erstreckte er (zeitweilig) allein auf die Chemie. Die Dualismus-Lehre erklärte die Chemie mit den Termini von Materie (Stoffe) und Kraft.

Das Ziel der Forschung ist es, die Wahrheit zu finden, betonte er. „Selbst wenn es unmöglich wäre, dieses Ziel unserer Arbeiten zu erreichen, müssen wir uns nicht weniger anstrengen, uns ihm zu nähern." [10] Die Theorie ist eine Vorstellung über die Ursache. BERZELIUS vermutete, daß man wahrscheinlich „von Jahrhundert zu Jahrhundert die Vorstellungsarten von den Erscheinungen in den Wissenschaften verändern wird" [11], und meinte 1818, daß es gerechtfertigt ist, eine neue Erklärungsweise der Erscheinungen (die Dualismus-Lehre) auszuarbeiten. Doch er hat, wie später auch KEKULÉ, die theoretischen Erkenntnisse der Chemie seiner Epoche für Hypothesen gehalten, die lediglich Wahrscheinlichkeitscharakter besitzen. Er sah mit Recht, genau wie KEKULÉ, daß die Chemie im Vergleich zur Mechanik nur Wahrscheinlichkeitshypothesen aufstellen konnte; sie konnte nicht einmal die innere Einheit der Erklärungsprinzipien erreichen. In diesem Sinne mochte BERZELIUS betonen, daß die Erklärungsprinzipien nur viele von den bekannten, nicht aber alle Erscheinungen erklären konnten. Darüberhinaus hielt er möglicherweise sämtliche Erklärungsprinzipien in der Wissenschaft, weil sie durch die „Vorstellung" eingeführt werden, vom Charakter her nur für wahrscheinliche.

Ganz konsequent folgte BERZELIUS seiner Maxime, sich anzustrengen, um der Wahrheit möglichst nahe zu kommen, also eine alle Erscheinungen erfassende Theorie zu erreichen, allerdings nicht. Gerade bei den Problemen der Atomgewichts- und Summenformelbestimmung betonte er, daß er eigentlich wenig Wert darauf lege. In diesem Sinne schrieb LUNDGREN zu Recht, daß BERZELIUS seine Theorie nur für eine Hypothese hielt [12].

Die Atomtheorie zeigte, wie man sehen konnte, viele Unvollkommenheiten, und gestützt auf DUMAS' Erfahrungen mit der sog. anomalen Dampfdichte verstärkte sich der Widerstand gegen sie zu Anfang der 30er Jahre des vorigen Jahrhunderts. Es soll an dieser Stelle nur an DUMAS' Worte aus seinem Lehrbuch erinnert werden: „Wäre ich der Lehrer, so würde ich das Wort ‚Atom' aus der Wissenschaft vertreiben." [13] Man darf dabei nicht vergessen, daß es in den 30er Jahren gerade DUMAS war, der die Probleme der Atomlehre und deren mögliche Lösung durch die AVOGADROsche Hypothesen am besten durchschaute.

Zeitweilig nahm man nun die Summenformeln und die Atomlehre, ihre Basis, weniger ernst. Jeder Forscher bediente sich der ihm gefälligsten Hypothesen-Variante. Trotz dieses Wirrwarrs gab es aber etwas, das einen Stützpfeiler darstellte. Es waren die exakten experimentellen Daten, die BERZELIUS bestimmte.

Hatte man im Rahmen der BERZELIUSschen Dualismus-Theorie eine unitäre Auffassung der chemischen Erscheinungen, in der sogar die Natur der Affinität erklärt wurde, so mußte in den 30er Jahren eine weitere Einschränkung eingeführt werden. Die Deutung der Substitutionen hatte zur Folge, daß – zumindest zeitweilig – die Erklärung der Natur der Affinität aufgegeben wurde. Diese Erscheinungen standen bekanntlich in krassem Widerspruch zur Dualismus-Theorie. Mit dem Aufkommen der organischen Chemie erschien die einheitliche elektrische Deutung der chemischen Affinität in der Gesamtchemie unzulässig. Nur wenige Historiker weisen darauf hin, daß die Dualismus-Theorie eine unitäre Erklärung der organischen *und* anorganischen chemischen Erscheinungen darstellte. Es ist interessant, daß BERZELIUS auch im Interesse dieser Einheit für die Beibehaltung der dualistischen Auffassung eintrat.

Auch KEKULÉ war ein Anhänger der Theorienbildung. Er besaß eine bestimmte naturphilosophische Überzeugung, die er in eine strenge Theorie umzusetzen versuchte. Danach besitzen die Atome eine Kraft, die chemische Affinität, die die Ursache ihrer Umwandlungen darstellt. Er schrieb im Jahre 1858:

„Die einfachste und auf alle chemischen Metamorphosen anwendbare Vorstellung ist folgende:

Wenn zwei Moleküle aufeinander wirken, so ziehen sie sich zunächst vermöge der chemischen Affinität an und lagern sich aneinander; das Verhältnis zwischen den Affinitäten der einzelnen Atome veranlaßt dann, daß Atome in stärksten Zusammenhang kommen, die vorher den verschiedenen Molekülen angehört hatten. Deshalb zerfällt die Gruppe, welche nach einer Richtung geteilt sich aneinander gelagert hatte, jetzt, indem Teilung nach anderer Richtung stattfindet.“ Und er fügte in einer Fußnote hinzu: „Man kann sich denken, daß dabei während der Annäherung der Moleküle schon der Zusammenhang der Atome in denselben gelockert wird, weil ein Teil der Verwandtschaftskraft durch die Atome des anderen Moleküls gebunden wird, bis endlich die vorher vereinigten Atome ganz ihren Zusammenhang verlieren, und die neu gebildeten Moleküle sich trennen.“ [14]

Die Untersuchung der chemischen Affinitäten entwickelte sich in den 60er Jahren des vorigen Jahrhunderts auch in einer anderen Richtung – in der der Massenwirkung. GULDBERGS und WAAGES epochemachenden Abhandlungen aus den Jahren 1864 und 1867 tragen die Titel „Studien über die Affinität“ und „Untersuchungen über die chemischen Affinitäten“. In ihnen ging es um „die Affinität als die Kraft, welche die Verbindung chemisch verschiedenartiger Stoffe hervorbringt und sie in dieser Verbindung festhält“ [15].

KEKULÉ befaßte sich in dem genannten Artikel auch mit dem Zusammenhang dieser beiden Affinitätsvorstellungen: „Bei dieser Annahme gibt die Auffassung“, so führte er die schon erwähnte Fußnote fort, „eine gewisse Vorstellung von dem Vorgang bei Massenwirkung und Katalyse. Gerade so nämlich, wie ein Molekül eines Stoffes auf ein Molekül eines anderen einwirkt, so wirken auch alle anderen, in der Nähe befindlichen Moleküle: sie lockern den Zusammenhang der Atome. Das nächstliegende Molekül wirkt am stärksten und erleidet mit dem stofflich verschiedenen wechselseitige Zersetzung; die entfernter liegenden sind ihm dabei behilflich; sie erleiden, während sie den Zusammenhang der Atome im anderen Molekül lockern, selbst die gleiche Veränderung, sobald aber die Zersetzung stattgefunden hat, gewinnen sie ihre frühere Zusammensetzung wieder. Massenwirkung und Katalyse unterscheiden sich dieser Auffassung nach nur dadurch voneinander, daß bei Massenwirkung das katalytisch wirkende Molekül gleichartig mit einem der sich zersetzenden, bei Katalyse dagegen stofflich verschieden von beiden sind.“ [16]

Wir haben gesehen, daß und wie BERZELIUS zu der Theorienbildung in der Chemie mit der Entwicklung der Atomhypothese und der Affinitätskonzeption beitrug. Wie KEKULÉ die beiden und ihre Rolle in der chemischen Theorie auffaßte, sei dem kurz zusammengefaßt gegenübergestellt. In seiner berühmten Rede „Die wissenschaftlichen Ziele und Leistungen der Chemie“ von 1877 faßte er seine Ansichten selbst zusammen. Die Atomtheorie ist dort bei ihm schon eine ziemlich sichere Theorie der chemisch kleinsten Teilchen – eine damals schon fast allgemeine Meinung. Er beschrieb, daß man den Atomen „eine bestimmte Anzahl chemischer Anziehungseinheiten", d.h. Valenzen, zuschreiben kann. Die über die Natur der Affinität entwickelte BERZELIUSsche elektrochemische Theorie wertete er in folgender Weise: „Ueber die Natur der Kraft, welche die Vereinigung der Atome hervorbringt, sind wirklich fruchtbringende Hypothesen bis jetzt nicht aufgestellt worden. Die von dem grossen *Berzelius* in so geistreicher Weise entwickelte *elektrochemische Theorie*, von welcher man während Jahrzehnten glaubte, sie werde zu einer befriedigenden Erklärung der chemischen Tatsachen und zu deren Verknüpfung mit den physikalischen Erscheinungen führen, hat sich als unzulänglich erwiesen. Aller Wahrscheinlichkeit nach wird sie in einer demnächstigen Entwicklungsperiode der Wissenschaft aufgegriffen werden, um dann, in verjüngter Form, auch Früchte zu bringen." [17]

KEKULÉ stand der Hypothese über ein universelles mechanisches Weltbild nicht fern. Man muß bis zum Newtonismus des 18. Jahrhunderts zurückgehen, um den Ursprung des Gedankens zu finden, wenn man die folgenden Zeilen liest: „... das eine scheint sicher, dass der Zahlenwert des Atomgewichts die Variable ist, durch welche die substantielle Natur und alle von ihr abhängigen Eigenschaften bestimmt werden. Somit scheint jetzt wieder die Hoffnung vorhanden, dass es gelingen werde, alle Eigenschaften der Materie, mit Einschluss der Schwere, auf eine und dieselbe Kraft zurückzuführen." [18]

Liest man die Rede von KEKULÉ weiter, so findet man eigentlich dieselbe Vorstellung über die wissenschaftliche Untersuchung, das Ziel, die Rolle und die Möglichkeit der Hypothesen wie bei BERZELIUS.

In den vorstehenden Ausführungen sollte versucht werden, eine wichtige Ähnlichkeit im Wirken von BERZELIUS und KEKULÉ, in dem Beitrag beider zur Theorie der Chemie aufzuzeigen. Als Rahmen der Darstellung empfahl sich der allgemeine Hintergrund der Theorienbildung, die Entwicklung der Vorstellungen über Kraft und Stoff, im Denken der Chemiker.

Anmerkungen

1 Man sollte die verschiedenen Varianten des Atomismus des 17. und teilweise auch des 18. Jahrhunderts sorgfältig voneinander unterscheiden, z. B. die Spekulationen von SENNERT, JUNGIUS, GASSENDI, BOYLE usw. Hier genügt es jedoch, sich aus dieser Periode auf die Zusammenfassung von NEWTONS „dynamischem Atomismus" zu beschränken. Auch in der Atomstrukturlehre des 20. Jahrhunderts sollten verschiedene Perioden unterschieden werden, z.B. die KOSSEL-LEWIS-Periode auf der Basis des BOHRschen Atommodells, die Strukturchemie nach 1926 usw.

2 Es ist allgemein bekannt, daß NEWTON zwei verschiedene Linien der Spekulation über die Struktur der Materie entwickelte, die er auch zur Erklärung der „chemischen" Erscheinungen benutzte. Zur ersten Linie gehören z.B. „Das Licht und die Farbe" (1675), die Antwortbriefe an BOYLE (1677, 1679); sie gilt als „mechanische" Erklärung.

Zur zweiten Linie gehören z. B. „De natura acidorum“ (1692) sowie die berühmte 31. Query. Charakteristisch für die Linie war die Entfaltung eines „dynamischen“ Bildes auf der Grundlage der wirkenden Kräfte.

3 Vgl.: I. NEWTON: Opticks. London 1704 (bzw. deutsche Übersetzung: I. NEWTON: Optik oder Abhandlung über Spiegelungen, Brechungen, Beugungen und Farben des Lichtes, II. und III. Buch, Leipzig 1898, S. 125–147 (Ostwalds Klassiker der exakten Wissenschaften, Nr. 97)).
Die Querries bildeten Stoff für Spekulationen in mindestens drei Richtungen: erstens für Gedanken über die sog. „natürliche Religion“, zweitens für Physiker und drittens für Chemiker. Diese drei Richtungen kreuzten sich oftmals.

4 KEILS und FREINDS Meinungen sind zusammengefaßt z. B. in: PARTINGTON, J. R.: A History of Chemistry. Vol. II, London 1961, p. 478–480.

5 Allzuoft findet man noch immer eine positivistisch-induktivistisch verengte Auffassung des Geschehens in der Literatur über die Geschichte der Chemie. In Beschreibungen dieser Art erscheint z. B. RICHTER einfach als „Vorläufer“ in den Untersuchungen der Gewichtsverhältnisse in Verbindungen. Derartige Beschreibungen charakterisieren zwar richtig, wozu diese Ergebnisse später benutzt wurden, bleiben jedoch irreführend, weil sie außer acht lassen, welche Ziele die Entdecker motiviert haben.

6 Unglücklicherweise hat BERTHOLLET die Affinität auf die universelle Gravitation zurückgeführt. Er gab eine komplexe Beschreibung der im chemischen Prozeß wirkenden Kräfte, und trotz seiner falschen Meinung über die wechselnde Zusammensetzung der Verbindungen haben seine Ansichten u. a. bei Davy und besonders bei Berzelius fortgewirkt.

7 Zu den theoretischen Überzeugungen, auf denen sich diese Ansicht gründete, gehörte auch jene, nach der eine Verbindung des Ergebnis der Wirkung der beteiligten Affinitäten sei, die ihrerseits konstant sind. Dieses Problem jedoch stand im 18. Jahrhundert nicht im Zentrum des Interesses.

8 Man findet in der Literatur auch andere Interpretationen, wonach Dalton sein Prinzip als Hilfsmittel eingeführt hat, um seine Lehre darstellen zu können. Uns scheint diese Erklärung zweifelhaft.

9 Man vermutet eine Wirkung Schellings (durch Coleridge) auf Davy. Vgl.: DAVY, H.: Elements of Chemical Philosophy, Part 1-, London 1812.

10 1813 führte Berzelius seine neuen Symbole ein und sagte: „Das chemische Symbol drückt immer ein Volumen eines Stoffes aus.“

Literatur

[1] Vgl.: OERSTED, H. C.: Recherches sur l'identité des forces chimiques et électriques, Paris 1813.

[2] BERZELIUS, J. J.: Bref. Bandet 2. Brefväxling mellan Berzelius och Sir H. Davy (1898–1825), Utgifna af Kungl. Svenska Vetenskapsakademien genom H. G. SÖDERBAUM, Uppsala 1912.

[3] LUNDGREN, A.: Berzelius och den kemiska atomteorin, Uppsala 1979.

[4] BERZELIUS, J. J.: Versuch, die bestimmten und einfachen Verhältnisse aufzufinden, nach welchen die Bestandteile der unorganischen Natur miteinander verbunden sind. Hrsg. v. W. Ostwald, Leipzig 1892, S. 3 (Ostwald's Klassiker der exakten Wissenschaften, Nr. 35).

[5] Ebenda, S. 4.

[6] LUNDGREN, A.: Berzelius..., a.a.O., Zusammenfassung.

[7] Vgl.: BERZELIUS, J. J.: Ann. Philos. (T. Thomson), **2** (1813); **3**, 51, 362 (1814); **5** (1815); Schweigger's Journ. Chem. Phys., **13**, 240 (1815.)

[8] Über die fehlende Erkenntnis der Valenz, die Berzelius nicht kannte, sagte er folgendes: „Wenn es selbst hinreichend erwiesen wäre, daß die Körper, wie wir eben erwähnten, aus untheilbaren Atomen zusammengesetzt wären, so folgte daraus nicht, daß die Erscheinungen der chemischen Proportionen, zumal die, welche wir in der unorganischen Natur beobachtet haben, notwendigerweise stattfinden müssen. Es bedarf noch des Vorhandenseins gewisser Gesetze, welche die Verbindungen ordnen und ihnen gewisse Grenzen bestimmen." BERZELIUS, J. J.: Lehrbuch der Chemie, übers. v. F. WÖHLER, 4. Aufl., 5. Band, Dresden und Leipzig 1836, S. 31.

[9] PARTINGTON, J. R.: A History of Chemistry, London 1961, Vol. 4, p. 147.

[10] BERZELIUS, J. J.: Lehrbuch der Chemie, a.a.O., S. 26.

[11] Ebenda, S. 27.

[12] LUNDGREN, A.: Berzelius..., a.a.O., Zusammenfassung.

[13] DUMAS, J. B.: Philosophie Chimique, Paris 1837, p. 307.

[14] KEKULÉ, A.: Über die Constitution und die Metamorphosen der chemischen Verbindungen und über die chemische Natur des Kohlenstoffs, Liebig's Ann. Chem., 106, 129 (1858); vgl. auch dasselbe in ANSCHÜTZ, R.: August Kekulé, Bd. 2, Berlin 1929, S. 105.

[15] GULDBERG, C. M.; P. WAAGE: Untersuchungen über die Affinitäten, Abhandlungen a. d. Jahren 1864, 1867, 1879 (a. d. Norweg.), Hrsg. v. R. ABEGG, Leipzig 1899 (Ostwald's Klassiker der exakten Wissenschaften, Nr. 104).

[16] KEKULÉ, A.: Über die Constitution..., a.a.O.

[17] ANSCHÜTZ, R.: August Kekulé, Bd. 2, a. a. O., S. 913.

[18] Ebenda, S. 914.

Uwe Niedersen

Zur Aktualität des Berzelius-Liebigschen Katalysestreites

Um die Wende des 18. zum 19. Jahrhundert häuften sich Mitteilungen namentlich solcher hervorragender Experimentatoren wie GAY-LUSSAC, THENARD, DAVY, FARADAY, DÖBEREINER, MITSCHERLICH u.a., die auf ein überaus lebhaftes chemisches Reagieren der eingesetzten Stoffe beim Hinzutreten eines weiteren „Körpers" verwiesen. BERZELIUS hatte jene Versuchsbeschreibungen in dem seit 1820 periodisch herausgegebenen „Jahresbericht über den Fortschritt der physischen Wissenschaften" stets mit aufgenommen.

Endlich, am 10. April 1835, vermerkte er in einem Brief an LIEBIG: „Es kommt hier in unsere Untersuchungen eine neue Kraft hinein, auf die wir aufmerksam seyn müssen ... Ich nenne die neue Kraft (mag sie sein was sie will) katalytische Kraft der Körper und das Zerlegen durch katalytische Kraft, z.B. das des Zuckers durch Wasser und Hefe, Katalysis, was mir gut zu passen scheint, da es ein Pendant zu Analysis ist, welches durch Wahlverwandtschaft ausgeführt wird." [1]

BERZELIUS systematisierte damit ganz bestimmte Reaktionen durch den Vergleich des sinnlich Wahrnehmbaren und schuf das Klassifikationsprodukt „Katalyse". Damit gelang es ihm, auch voneinander sehr entfernt stehende, auf den ersten Blick nicht zu subsumierende Umsetzungen einzuordnen. Ein Gebiet chemischer Umsetzungen war somit relativ von anderen abgegrenzt.

Schließlich war für die Erklärung des katalytischen Phänomens, eben durch die Begriffssetzung, die Voraussetzung geschaffen worden.

Genau hierin gründet sich BERZELIUS' großartige wissenschaftliche Leistung auf katalytischem Gebiet.

Der „Stein des Anstoßes" ergab sich nun aber mit der Formulierung „katalytische *Kraft*".

Eine „Kraft" für ungeklärte Erscheinungen der Natur zu bemühen, war ja bereits zu jener Zeit nicht gerade originell. Mindestens seit WÖHLERS Harnstoffsynthese hatte sich doch eine gewisse Lockerung im Verständnis der Naturforscher gegenüber der „Lebenskraft" durchgesetzt, so daß die Einführung einer neuerlichen „Kraft" breiten Kreisen unter den Chemikern zumindest „unpopulär" erschien. Als Wortführer dieser Gruppe erwies sich Justus von LIEBIG, und er schrieb an seinen Freund WÖHLER recht aufgebracht: „Weißt

Du denn nicht, dass die Esel, welche in Deutschland Bücher schreiben, seine katalytische Kraft ohne zu prüfen annehmen und unseren Kindern in den Kopf setzen werden, weil sie bequem und die Faulheit begünstigend ist?" [1]

Aus der Kritik an der „katalytischen Kraft" erwuchs nun für Liebig das Problem, selbst eine Erklärung für die Katalyse zu erschauen. Einen Sachverhalt erklären, bedeutet ja in den Naturwissenschaften, ihn auf generelle Sätze, d.h. auf solche Aussagen, die durch das Experiment und die Industrie bereits geprüft worden sind, zurückzuführen.

Liebig formulierte nun die sogenannte „Mitschwingungshypothese". Das waren hypothetische Folgerungen, die auf dem mechanischen Trägheitsgesetz (genereller Satz) basierten und jene konkrete Beobachtung bemühten, die das Ferment der Zuckerspaltung sich während des Prozesses verändern sah. Die Veränderung, die das Ferment selbst erfährt, sollte auf den zu spaltenden Zucker durch Anstoß übertragen werden.

Nach Liebig gründet sich also das Zustandekommen der Katalyse „in der Fähigkeit, welche ein in Zersetzung oder Verbindung, das heißt in chemischer Aktion begriffener Körper besitzt, in einem anderen ihn berührenden Körper dieselbe chemische Tätigkeit hervorzurufen oder ihn fähig zu machen, dieselben Veränderungen zu erleiden, die er selbst erfährt." [2]

Berzelius, durch die heftige Diskussion um das Katalyse-Phänomen seinerseits zu einer näheren Kennzeichnung seiner „katalytischen Kraft" gedrängt, äußerte sich schließlich auch (aber wohl widerwillig) zur Ursächlichkeit des Katalytischen. In seinem Jahresbericht von 1836 findet man diesbezüglich die Bemerkung: „Die katalytische Kraft scheint eigentlich darin zu bestehen, daß Körper durch ihre bloße Gegenwart, und nicht durch ihre Verwandtschaft, die bei dieser Temperatur schlummernden Verwandtschaften zu erwecken vermögen, so daß zufolge derselben in einem zusammengesetzten Körper die Elemente sich in solchen anderen Verhältnissen ordnen, durch welche eine größere elektrochemische Neutralisierung hervorgebracht wird." [3]

Wenn wir beide Aussagen vergleichen, so verweist Liebigs hypothetische Erklärung auf die Chemie des Katalysators und tangiert dabei auch die Erscheinungen der chemischen Induktion und Reaktionskoppelungen.

Liebig verteidigte die Art seines Vorgehens mit den Worten: „Gewiss konnte es mir niemand als Verbrechen anrechnen, wenn ich diese Ansichten (des Berzelius – U. N.) nicht für zulässig hielt, wenn ich meiner Überzeugung folgend, es für einen Missgriff erklärte ... wenn ich einen in seiner Wahrheit unbestreitbaren Satz der Mechanik (das Trägheitsprinzip – U. N.) auf Verbindungs- und Zersetzungserscheinungen anzuwenden versuchte." [4]

In Berzelius' vorsichtiger Äußerung, daß der Katalysator schlummernde Verwandtschaften der Stoffe zu erwecken vermag, könnte man einmal eine Propädeutik zu der heute geltenden Aussage erblicken, daß der Katalysator nur thermodynamisch mögliche Reaktionen zu dirigieren fähig ist; zum anderen ist deutlich Berzelius' elektrochemisch-dualistische Theorie der chemischen Verbindung, der ersten Theorie, die Chemisches mit physikalischen Erscheinungen verknüpft, mit angelegt.

Der von BERZELIUS und LIEBIG ausgefochtene „Katalysestreit", der ja bekanntlich zum Bruch der Freundschaft beider Gelehrter führte, läßt sich in seinem Wesen wie folgt charakterisieren: BERZELIUS war bemüht, das Katalyse-Phänomen vorläufig nur empirisch bearbeitet zu sehen. Er trat jeder Hypothese, die der Aufhellung des katalytischen Geschehens dienen sollte, mit einem Vorurteil gegenüber, und zwar immer dann, wenn die Gedanken nicht seinen dualistischen elektrochemischen Anschauungen genügten. Weder LIEBIGS „Mitschwingungshypothese" noch MITSCHERLICHS „Kontakttheorie" oder gar Überlegungen, mögliche Zwischenreaktionen im katalytischen Verlauf anzunehmen, fanden seinen Beifall. BERZELIUS forderte von seinen Zeitgenossen, wieder und immer wieder das Experiment zu Rate zu ziehen und nicht vorschnelle Erklärungen zu verfassen, durch die man in der Naturwissenschaft stets verlieren würde.

LIEBIG charakterisierte entsprechend die BERZELIUSsche Arbeitsmethodik:

„Die Ansichten und Theorien von BERZELIUS waren ein klar formulierter Ausdruck der Ideen seiner Zeit und darum von großem Werthe; sie gingen aber keinen Schritt darüber hinaus. Ich will nicht sagen, dass dies ein Fehler ist, aber es würde ein Vorzug gewesen sein, wenn er etwas empfänglicher gewesen wäre für das Schaffen durch den Gedanken, was ich die Poesie des Naturforschens nenne." [1]

LIEBIG hatte also ein ganz anderes Temperament, eine andere Auffassung von dem spekulativen Gehalt in der naturwissenschaftlichen Forschung. An BERZELIUS wandte er sich einmal in humoristischer Übertreibung:

„Die schönsten Theorien werden durch die verdammten Versuche über den Haufen geworden, es ist gar keine Freude mehr, Chemiker zu sein." [1]

BERZELIUS sah in LIEBIG einen von jenen Naturgelehrten, „die mit lebhaftem Geist und reicher Einbildungskraft begabt sind" [5].

LIEBIGS Gedankenspiele, seine Ideen und Bilder waren auf die Gewinnung von Detailerkenntnissen bei der Aufhellung des Katalytischen gerichtet. Er war nicht dafür, durch eine Überbetonung des ausschließlich Beobachtbaren, des Sinnlichen, der Tatsachen, eine Gesamtschau (Einheitstheorie) des katalytischen Geschehens zu erreichen. Die Hypothesensetzung über einen zu ermittelnden Ausschnitt der chemischen Realität und deren experimentelle Überprüfung im Nachhinein kennzeichnet nach LIEBIG jegliches naturwissenschaftliches Vorgehen.

Die konträren Standpunkte der beiden Chemiker über die Phantasie in der Wissenschaft, über generelle Fragen einer möglichen Arbeitsmethodik zeichneten sich deutlich ab. Der Katalysestreit ist bis in unsere Gegenwart in der Literatur wiederholt diskutiert worden, und der, der BERZELIUS' Zurückhaltung lobt, sich zu dessen Bemühen bekennt, einen Abschluß des Alten, der geltenden Theorie zu erreichen, oder jener, der sich für LIEBIGS Wagnis, für sein gedankliches Aufbrechen in ein noch nicht betretenes Land begeistert, markiert zugleich seinen erkenntnistheoretischen Standort, seine Arbeitsmethode im Prozeß des naturwissenschaftlichen Entdeckens.

Da diese Ausführungen die Aktualität des Katalysestreites betonen sollen, sei noch auf eine Kontroverse aus unseren Tagen verwiesen, die zwischen dem Biochemiker Erwin CHARGAFF und dem Bio-Physikochemiker Manfred EIGEN gelegentlich einer „Round-Table-Discussion" über „Zufall und Notwendigkeit in der Evolution" während der Leopoldina-Tagung 1973 auftrat.

Die Analogie zu dem geschilderten Katalysestreit ist unübersehbar.

CHARGAFF gehört, wie einst BERZELIUS, zu den Wissenschaftlern, die vor allzu phantastischen und umfassenden Gedankenkonstruktionen in der Forschung warnen. Er bekennt sich zwar zu Modellbetrachtungen, Hypothesen, dies seien „die Angelpunkte in unserer Naturwissenschaft". „Nur soll man die Euphorie nicht übertreiben." [6]

Er ist stolz auf den soliden Empirismus in der Chemie: „Die Physiker haben immer auf die Chemie heruntergeschaut, weil sie dem Schwung der Gedanken weniger Spielraum gibt. ... Die Chemie macht keine Behauptungen, die nicht von jedem Menschen zu jeder Zeit überprüft werden könnten. Sie hat keine metaphysischen Bauchschmerzen. Die Chemie ist, wie sie ist." [7]

An gleicher Stelle bekennt CHARGAFF allerdings, daß er seine Gedanken hier karikaturistisch überspitzt habe. Wir hätten sonst fragen müssen: sollte CHARGAFF wirklich das Vorbild der Vorstellungen der griechischen Materialisten von der Körnung der Materie für die chemische Atomistik übersehen haben? Sollte ihm die Stimulierung der Arbeiten J. B. RICHTERS zur Stöchiometrie in der Chemie durch Anmerkungen I. KANTS nicht bekannt sein oder die Nähe der Überlegungen Ch. F. SCHÖNBEINS über den chemischen Reaktionsverlauf zur SCHELLINGschen Naturphilosophie? Es ist auch kein Geheimnis, daß Symmetriebetrachtungen in den Naturwissenschaften in ihrem allgemeinen Ideengehalt auf PLATON zurückreichen.

Nun aber zu der Kontroverse in der genannten Diskussionsrunde:

Nachdem EIGEN in dem Rund-Tisch-Gespräch Aspekte seiner Evolutionstheorie dargelegt hatte, äußerte CHARGAFF gewisse Bedenken über den Umfang und die Tiefe jener Aussagen. EIGEN erwiderte, daß „der Versuch, eine physikalische Beschreibung zu geben, durchaus legitim (sei). Ich kann ein System nur beschreiben, wenn ich seine Randbedingungen klar vorgebe und danach versuche, mein Modell im Experiment nachzuprüfen." [8]

CHARGAFF hingegen: „... ich glaube nach wie vor, daß man davon ausgehen muß, daß wir noch nicht alles wissen. Das heißt, wenn man z. B. sagt, daß biologische Organismen definierbar sind aufgrund unserer Kenntnisse in der Physik, der Chemie usw., dann würde ich sagen: Das ist noch nicht der Fall! Es ist durchaus möglich, daß wir viel mehr darüber lernen werden. ... Ich möchte die Wissenschaft so offen halten wie möglich. Ich möchte noch alles offen halten für das Jahr 2073. Ich glaube nicht, daß wir am Ende sind, und der Versuch, aufgrund unserer jetzigen Kenntnisse ein totales Weltbild zu konstruieren, führt zu der größten Sünde der Wissenschaften, nämlich zu vielseitigen Kompetenzüberschreitungen.“ [8]

So wie einst LIEBIG seine hypothetische Katalyse-Erklärung verteidigte (keiner könne es ihm als Verbrechen anrechnen, wenn er auf einen als wahr erwiesenen Satz der Mechanik zurückgegriffen habe), begegnet auch EIGEN in ähnlicher Weise CHARGAFFS Einwänden:

„Trotzdem empfinde ich eine große Freude darüber, ein Stück weiterzudenken. Nehmen wir z.B. die These ... des Physikalismus in der Biologie, wie wir sie in verschiedener Weise zu umreißen versucht haben. Wenn man etwas ganz Hartes behauptet, kann es vielleicht auch widerlegt werden. Natürlich muß man wissen, daß man hypothetische Behauptungen aufstellt und nicht schlicht etwas weiß. ... die Hypothese des Physikalismus in der Biologie hat im Augenblick die größten Chancen. Wer sich auf sie eingelassen hat, gab sich die Blöße, widerlegt zu werden, was bislang nicht geschehen ist. Ist das nicht ein großer Erkenntnisfortschritt?“ [8]

Natürlich sind wir bei einer nun zu vollziehenden Wertung der konträren Standpunkte weit davon entfernt, der einen oder der anderen Erkenntnisintention auch nur in Ansätzen, das Wort zu reden. Der wissenschaftliche Erfolg solcher Chemiker wie BERZELIUS und LIEBIG und wie CHARGAFF und EIGEN würde eine einseitige Parteinahme fragwürdig erscheinen lassen. Sicher ist es richtig, daß die typische Vorgehensweise des Forschers mitbestimmt, welcher Ausschnitt der objektiven Realität im besonderen der Untersuchung zugeführt wird. Das zählt ganz einfach zum subjektiven Anteil im Erkenntnisprozeß. Nun darf man, so meinen wir, in der Beurteilung der Leistungsfähigkeit eines Wissenschaftlers nicht zu vermessen sein und immerfort sagen, er hätte ja noch dies beachten und jenes vollziehen können.

Einen Einstieg für die Besprechung der gegensätzlichen Standpunkte beim naturwissenschaftlichen Erkenntniszuwachs sehen wir in der Existenz zweier genereller und in der Vergangenheit angelegter wissenschaftlicher Erkenntnisintentionen.

Seit Francis BACON (1561–1626) wurde der bis dahin in Geltung stehenden philosophisch-logischen Methode, die im besonderen von ARISTOTELES (384–322) ausgearbeitet worden war, ein anderes Vorgehen, die empirisch-analytische Methode, gegenübergestellt.

Der Naturwissenschaftler bemüht die empirisch-analytische Methode, d.h., durch Zählen, Messen (Wägen) und Berechnen wird für einen begrenzten Ausschnitt, gewissermaßen einer Schichtung der objektiven Realität, eben durch ein genau definiertes System, wie es etwa die Thermodynamik darstellt, die für die Prognose notwendige Sicherheit erlangt. Die hinreichende Genauigkeit für einzelne Teile des Naturganzen läßt den Menschen mehr und mehr zum Gestalter seiner Umwelt werden. Die industrielle Produktion ist der beste Beleg für die Dynamik und für die naturbeherrschende Funktion dieser Vorgehensart, und sie brachte schließlich der „Lehre von der Natur" die Bezeichnung „exakte Wissenschaft" ein.

Die philosophisch-logische Erkenntnisintention richtet sich dagegen auf eine mögliche Gesamtschau der Realität aus, d.h. das Erklären des Ganzen durch Anwenden einer in sich logischen und zugleich universellen Theorie, so wie sich z.B. die Dialektik als Wissenschaft und Methode eben zeigt.

Die hier erfolgte Trennung dieser beiden Erkenntnisintentionen konnte natürlich nur in der Abstraktion erfolgen. Im Konkretum herrscht weder in den Naturwissenschaften ausschließlich die empirische noch in den Gesellschaftswissenschaften die rationale Methode vor. Der Rationalist ist am Vorhersagen genau so interessiert, wie der Empirist seine Teilerkenntnisse generalisieren möchte. Aber wir meinen, eine sehr wichtige Einsicht läßt sich aus diesen beiden herausgearbeiteten Erkenntnisweisen gewinnen:

Umfang und *Sicherheit* unserer Erkenntnis bilden eine Einheit des Entgegengesetzten [vgl. auch 9]. Ihr Maximum schließt sich im konkreten Fall selbst aus; je größer der erkannte Umfang ist, desto geringer die Exaktheit für das Detail. Zum anderen ergänzen sich beide Intentionen bei der approximativen Widerspiegelung aller Schichten der vollen Realität.

Es gibt wohl nur eine einzige Philosophie, die tatsächlich behauptet, daß alle Dinge und Erscheinungen in Vergangenheit, Gegenwart und Zukunft, also das Weltganze, zugleich auch punktuell, detailliert, mit prognostischer Sicherheit bestimmbar seien. Es ist der mechanische Materialismus mit seinen bekannten Maximalbehauptungen, die aber durch die historisch gewachsene Praxis immer wieder ad absurdum geführt worden sind.

Um auf die konträren Standpunkte Berzelius' und Chargaffs auf der einen Seite und Liebigs und Eigens auf der anderen zurückzukommen, bedeutet es nicht, etwa zu behaupten, die ersteren wären philosophisch-logisch vorgegangen und die anderen empirisch-analytisch oder gar umgekehrt. Es zeigt vielmehr, daß in den Naturwissenschaften eben genau die oben angesprochene Einheit des Entgegengesetzten (Erkenntnisumfang und Sicherheit) in den Vorgehensweisen tatsächlich existent ist und die naturwissenschaftlichen Erfolge fundiert.

Auch der hartgesottene Empirist muß in der Forschungsarbeit von einer gedanklichen Vorarbeit, dem eigentlichen Standort von Intuition und Phantasie, seinen Ausgang nehmen, und der mehr zum Rationalen Hinneigende wird seine Gedankenkonstruktionen der Praxis überantworten müssen. Schorlemmer sagte einmal: „Ob eine Hypothese verrückt ist, läßt sich immer erst im Nachhinein feststellen."

Berzelius und Chargaff plädierten dafür, den Blick für das Ganze zu bewahren und, wo die Theorien das Ganze nicht belegen, die empirischen Resultate statt hypothetischer Aussagen zu belassen. Liebig und Eigen, mehr auf die Dynamik der Erkenntnis bedacht, orientierten bewußt auf das Aufstellen von Hypothesen, Modellen, selbst auf die Gefahr hin, auch einmal kräftig „daneben zu hauen“. Beide Forschertypen werden gebraucht!

Wirkliche Forschung ist offensichtlich weit davon entfernt, irgendeinem starren Mechanismus Vorrechte einzuräumen, der im aktuellen Fall linear abzuarbeiten wäre. Forschen besteht vielmehr in einer Art Oszillation innerhalb eines Spielraums individuellen Ermessens – Determinanten natürlich eingeschlossen.

Die Determinanten für den Forschungsspielraum ergeben sich mindestens durch die sozialökonomischen Vorgaben, durch die Arbeitsmethodik (erkenntnistheoretischer und methodologischer Aspekt) und die Psyche des Forschers – dem Forschungsrisiko ist dabei hinreichend Raum belassen.

Die Regeln für das Vorgehen oder anders gesagt, der gesetzliche Rahmen des Forschungsspielraums ergeben sich letztlich durch den objektiv bestehenden dialektischen bzw. dualen Gegensatz zwischen dem Umfang und der Sicherheit unseres möglichen Wissens.

Die Suche nach dem Neuen ist niemals ein absolut zufälliger Prozeß. Er ist vielmehr *bedingt* zufällig oder eben „Spielraumgesetzlichkeit“, wie einst der unvergessene Alwin MITTASCH in den 30er Jahren treffend formulierte.

Zum Abschluß unserer Ausführungen seien einige tiefsinnige und uns so modern erscheinende Anmerkungen Richard WILLSTÄTTERS zu dem hier abgehandelten Katalysestreit zu Gehör gebracht:

„Ja, gibt es denn eine einzige richtige Methode der Naturforschung, die BERZELIUS besessen und LIEBIG gefehlt hat? Je nach der geistigen Veranlagung und dem Temperament des Forschers und je nach der Zweckdienlichkeit für die Ordnung von Tatsachen und für die Anregung von neuen Untersuchungen schreibt der eine oder andere Gelehrte einer Theorie oder einer Hypothese größere oder geringere Bedeutung zu. Oftmals dienen hypothetische Erklärungen unvollständig verstandener Erscheinungen dem Fortschritt. Welche Erscheinungen verstünden wir denn vollständig?“ [10]

Literatur

[1] CARRIERE, J. (Hrsg.): Berzelius und Liebig. Ihre Briefe von 1831–1845, München und Leipzig 1893, S. 107, 133, 265, 94.

[2] LIEBIG, J. Über die Erscheinungen der Gärung, Fäulnis und Verwesung und ihre Ursachen, Annalen der Pharmacie **30** (1839), S. 262.

[3] BERZELIUS, J. J.: Pflanzenchemie, Jahresbericht über die Fortschritte der physikalischen Wissenschaften (Übersetzung F. WÖHLER), 15. Jhrg., Tübingen 1836, S. 243.

[4] LIEBIG, J.: Über das Studium der Naturwissenschaften und über den Zustand der Chemie in Preußen (1840)... Reden und Abhandlungen, Leipzig und Heidelberg 1874, S. 53.

[5] BERZELIUS, J. J.: Jahresbericht über den Fortschritt der physischen Wissenschaften, 20. Jhrg., Tübingen 1839/41, S. 546.

[6] CHARGAFF, E.: Bemerkungen über Evolution aus der Sicht des Biochemikers,... Evolution, Nova Acta Leopoldina Bd. 42, Nr. 218, Halle 1975, S. 248.

[7] CHARGAFF, E.: „Man braucht eine kritische Naturwissenschaft", Nachrichten aus Chemie, Technik und Laboratorium **25** (1977), S. 11.

[8] Round-Table-Discussion: Zufall und Notwendigkeit in der Evolution. In: Evolution, Nova Acta Leopoldina Bd. 42, Nr. 218, Halle 1975, S. 406, 409.

[9] SACHSSE, H.: Naturerkenntnis und Wirklichkeit, Braunschweig 1967, S. 22ff.

[10] WILLSTÄTTER, R.: Zur Lehre von den Katalysatoren (Darmstädter Vortrag, 25. 6. 1927). In: Vereinigung von Freunden der Technischen Hochschule Darmstadt E.V., Heft **9**, 1927, S. 4f.

Wolfgang Göbel

August Kekulé zum 150. Geburtstage

In seiner wissenschaftlichen Selbstbiographie schreibt Max PLANCK: „Eine neue wissenschaftliche Wahrheit pflegt sich nicht in der Weise durchzusetzen, daß ihre Gegner überzeugt werden und sich als belehrt erklären, sondern vielmehr dadurch, daß die Gegner allmählich aussterben und daß die heranwachsende Generation von vornherein mit der Wahrheit vertraut gemacht ist." [1]

Der Mann, dem heute unser Gedenken gilt, hat dies auch erfahren müssen. Seine Ideen und Vorstellungen haben sich erst im langwierigen Kampf gegen alte Lehrmeinungen durchzusetzen vermocht.

Friedrich August KEKULÉ von Stradonitz, so sein vollständiger Name, wurde am 7. September 1829 in Darmstadt geboren. Er studierte Chemie in Gießen bei LIEBIG und in Paris bei WURTZ, GERHARDT und DUMAS. 1852 wurde er in Gießen promoviert. Nach Studienaufenthalten in Chur und London habilitierte er sich 1856 als Privatdozent in Heidelberg und erhielt 1858 eine Professur in Gent. 1867 folgte er einem Ruf an die Universität Bonn als Nachfolger August Wilhelm HOFMANNS, in der Zeit also, da seine ausführlichen Darlegungen über die Struktur des Benzols und die räumliche Anordnung der Atome im Molekül in LIEBIGS Annalen erschienen.

LIEBIG hat frühzeitig die Fähigkeiten KEKULÉS erkannt und seine Unternehmungen stets gefördert.

August KEKULÉ starb, hochgeehrt, am 13. September 1896.

Die Chemische Gesellschaft der DDR ehrt das Andenken KEKULÉS, indem sie an um Theorie und Praxis der organischen Chemie und ihrer Applikation verdiente Chemiker die August-Kekulé-Medaille verleiht. Zu ihnen gehören auch der jüngste Hervorragende Wissenschaftler der DDR, der langjährige Präsident der Akademie der Wissenschaften der DDR und ihr jetziger Vizepräsident, Prof. Dr. Dr. h. c. Hermann KLARE, einer der ältesten Hervorragenden Wissenschaftler der DDR, Prof. Dr. Walther KÖNIG, der sich um den Zusammenhang zwischen Farbigkeit und Struktur große Verdienste erwarb, und Prof. Dr. H. G. O. BECKER, dessen Bemühungen um die Qualifizierung des Strukturbegriffs in der Chemie hier besonders genannt werden sollen.

KEKULÉS Verdienst ist es nicht nur, wie oft geglaubt wird, die von WURTZ, LIEBIG, BERZELIUS, WILLIAMSON und HOFMANN begründete Typentheorie und das daraus von Gerhardt entwickelte Typensystem weitergeführt zu haben. Er hat durch eigene originelle Gedanken und experimentelle Arbeiten und durch sorgfältiges Analysieren des zu seiner Zeit sich stürmisch entwickelnden synthetischen Arbeitens einen hervorragenden Anteil an der Qualifizierung der Systematisierung der organischen Chemie. ENGELS [2] würdigt das in seiner ‚Dialektik der Natur" ausdrücklich, und bei seinem Versuch einer Klassifizierung der Wissenschaften nehmen die Ideen KEKULÉs einen hervorragenden Platz ein. ENGELS verschweigt aber auch nicht, daß KEKULÉ auf dem Gebiet der Philosophie einige Irrtümer unterlaufen sind.

Die wissenschaftliche Bewertung von experimentellen Ergebnissen, die Entwicklung von Theorien und ihre materialistisch-dialektische Interpretation stellt auch heute noch den Einzelwissenschaftler vor große Probleme. Die sich immer stärker entwickelnde Zusammenarbeit zwischen Gesellschafts- und Naturwissenschaften in unserer nunmehr 30 Jahre alten DDR basiert ja nicht zuletzt auf ENGELS' Erkenntnissen.

In der zweiten Hälfte des vergangenen Jahrhunderts war es üblich, Lehrmeinungen in Lehrbüchern niederzulegen, wobei in unterschiedlichen Lehrbüchern zwangsläufig unterschiedliche Theorien dargestellt wurden. Der Student war gezwungen, von These und Antithese mittels eigenen Denkens zur Synthese zu gelangen. Diese Seele ist leider unseren Lehrbüchern weitestgehend entwichen, eine gewisse Anonymität ist ihnen eigen geworden, der Stoff wird manchmal in einer fast ahistorischen Manier dargestellt. Das stimmt nachdenklich.

KEKULÉ aber hatte das Glück, seinen Geist bei den größten Chemikern seiner Zeit schärfen zu können. Ihm gelang es, aus These und Antithese, aus Typen, Radikalen und elektrochemischem Dualismus die Synthese *Strukturtheorie* zu destillieren.

KEKULÉ war ein sehr fleißiger und sorgfältiger Student und wissenschaftlicher Arbeiter. „Er war sehr darauf bedacht, in seinen Veröffentlichungen die Grenzen von experimentell bewiesenen Fakten und hypothetischen Modellvorstellungen nicht zu verwischen. Derartige Vorstellungen prüfte er ... in der Regel jahrelang auf ihre Konsequenzen und veröffentlichte sie anscheinend überhaupt nur dann, wenn es ihm unumgänglich schien." [3]

Dennoch oder gerade deshalb geriet KEKULÉ in die Schußlinie KOLBES, des hervorragenden Experimentators, aber konservativen Theoretikers, dessen überspitze Feder so viele zu spüren bekamen. In der ihm eigenen Art nannte er „Kekulé einen chemischen Dichter, dessen Ansichten über die Konstitution der chemischen Verbindungen Phantasiegebilde" seien [4]. VOLHARD [5] war es, der KEKULÉ vor einer Verteidigung gegenüber KOLBES Angriffen warnte, und er empfahl Totschweigen. Das geschah auch – was aber manchen Zeitgenossen von KEKULÉ und auch noch so manchen unserer Zeitgenossen zu der Meinung brachte, KEKULÉ habe aus Unsicherheit nicht ebenfalls vom Leder gezogen. Das Gegenteil scheint der Fall gewesen zu sein. In einem Brief an

J. Volhard schreibt er dazu: „Die ‚alte Henne‘ hätte sicher die Gelegenheit benutzt, um unter großem Gegacker ein Hahnenei zu legen. Der Schmutz wäre zwar an mir hängengeblieben, hätte mich aber doch vorübergehend belästigt ...“. [6]

Bernal [7] nennt als Begründer der organischen Chemie Dumas, Liebig, Pasteur, Kekulé und van't Hoff. Wichtig und interessant zugleich ist dabei, daß Dumas und Liebig Lehrer Kekulés waren, van't Hoff Schüler Kekulés. Zwischen diesen großen Chemikern bestand ein ständiger, freundschaftlicher Erfahrungs- und Informationsaustausch, so daß ihre große Leistung aus dieser Situation erklärbar wird. Das Zetern eines Kolbe und anderer paßte nicht in diese Landschaft.

Kekulé hat mit seinen Schülern, deren bedeutendste wohl Anschütz, van't Hoff, Ladenburg, Strecker und Zincke waren, ein sehr umfangreiches experimentelles Werk vollbracht. Diese Arbeiten dienten der Stützung seiner Hypothesen oder Theorien, aus den theoretischen Überlegungen zog er Schlüsse auf neue experimentelle Arbeiten. Er überprüfte auch sorgfältig experimentelle Arbeiten anderer Autoren und bewies mehr als einmal, daß falsche Ergebnisse oder falsche Interpretationen vorgelegt worden waren, die so manche Verwirrung stifteten.

So überprüften Kekulé und Zincke auch die Darstellung von „Chloraceten“ durch Harnitzky, das nach $C_2H_4O + COCl_2 \rightarrow C_2H_3Cl + HCl + CO_2$ entstehen sollte. „Kekulé und Zincke wiederholten daher die Versuche Harnitzkys; sie sagten, daß von ihrem theoretischen Standpunkt aus die Existenz des Chloracetens nicht gerade wahrscheinlich schien und sie deshalb glaubten, die persönliche Bekanntschaft des Chloracetens machen zu sollen. ... Aus ihren Versuchen ergab sich ..., daß das Chloraceten, neben anderen merkwürdigen Eigenschaften, auch noch die der Nichtexistenz besitzt. Es entpuppte sich als ein Gemisch von Phosgen, Aldehyd und Paraldehyd.“ [8]

Die Synthese von Benzoesäure aus Brombenzol und Kohlendioxid in Gegenwart von Natrium, die erste Synthese des Triphenylmethans aus Brombenzol in Gegenwart von Natriumamalgam über Quecksilber-Diphenyl und dessen Umsetzung mit Benzalchlorid und die experimentelle Bestätigung des Unterschieds zwischen Bromtoluol und Benzylbromid, um nur drei Beispiele zu nennen, verdanken wir Kekulé und seinen Mitarbeitern.

Im Zusammenhang mit der Herausbildung der neuen Vorstellungen über die Konstitution chemischer Verbindungen schreibt nun Schorlemmer [9]: „Aus der Typentheorie entwickelte sich der Begriff des chemischen Wertes und das Gesetz der Atomverkettung, was wir in erster Linie Kekulé zu verdanken haben.“ [10, 11] Die Vorstellung von der Atomverkettung – das war etwas unerhört Neues! – war es also, womit der Sprung zur neuen Qualität begann. Kekulé stellte bereits 1858 die zwei Sätze auf, daß Kohlenstoff ein vierwertiges Element ist und seine Atome die Eigenschaft haben, sich miteinander zu verbinden [12]. Die Vierwertigkeit des Kohlenstoffs, wobei Kekulé *von vorn-*

herein auch *gleichartige* Valenzen postulierte, war zur damaligen Zeit durchaus umstritten. Auch hielt es z. B. BUTLEROV, der in vielem konsequenter als KEKULÉ selbst die neuen Theorien anwandte, noch für möglich, daß Kohlenstoff-Valenzen paarweise verschieden sein können. SCHORLEMMER [13] bemerkt dazu: „Der Kohlenstoff unterscheidet sich aber von allen anderen Elementen auch scharf dadurch, daß in einer solchen Atomgruppe alle freien Verbindungseinheiten mit Wasserstoff gesättigt werden können. ... Die Kohlenwasserstoffe sind aber nicht nur die einfachsten, sondern *für die Theorie* (Hervorhebung: W. G.) auch die wichtigsten Verbindungen des Kohlenstoffs; denn alle anderen leiten sich von ihnen dadurch ab, daß Wasserstoff durch andere Elemente vertreten wird. ... Man kann daher den Teil unserer Wissenschaft, welcher gewöhnlich organische Chemie genannt wird, definieren als die *Chemie der Kohlenwasserstoffe und ihrer Derivate*."

Mit der Klärung der Vierwertigkeit des Kohlenstoffs und seiner Fähigkeit der Kettenbildung trat also auch erneut die Frage nach der Definition der organischen Chemie in den Vordergrund. KEKULÉ [14] vertrat hierzu bereits 1861 einen ausgesprochen pragmatischen Standpunkt, der unserem heutigen weitgehend entspricht. „Wenn aber dennoch eine Trennung vorgenommen werden soll, wie sie in der Tat einzig im Interesse der Übersichtlichkeit vorgenommen werden muß, dann ist die Trennung an sich nicht natürlich, sie ist eine willkürliche, und man kann eben darum eine Grenze da ziehen, wo es gerade zweckmäßig scheint. Will man dabei so teilen, daß möglichst das, was gewohnheitsmäßig in der organischen Chemie abgehandelt wurde, auch jetzt als besonderer Abschnitt abgehandelt werde, so erscheint es am zweckmäßigsten, wie dies in neuerer Zeit schon öfters geschehen, *alle* Kohlenstoffverbindungen in diesem Abschnitt zusammenzufassen. Wir definieren also die *organische Chemie als die Chemie der Kohlenstoffverbindungen*."

BUTLEROV schließt sich in seinem 1868 in Leipzig erschienenen Lehrbuch der organischen Chemie dieser Definition an. GMELIN [15] hatte 1848 noch so definiert: „Organische Verbindungen sind ... alle einfachen Verbindungen, welche *mehr als ein Atom* Kohlenstoff enthalten." Diese Definition wird noch heute von vielen Anorganikern mit Wohlgefallen registriert, nicht ganz zu Unrecht.

BERZELIUS hatte die Begriffe isomer, polymer und metamer eingeführt. KEKULÉ gibt in seinem Lehrbuch erstmalig eine geschlossene Darstellung dieser Problematik. Auch hier zeigt er sich als der große Systematiker.

Seine größte Leistung, die Aufklärung der Konstitution der aromatischen Verbindungen, erwuchs aus diesen seinen Vorleistungen. „Über die Konstitution der aromatischen Verbindungen wurde keine Meinung ausgesprochen, bis KEKULÉ 1865 eine Theorie aufstellte, welche ein unerwartetes Licht auf diese bis dahin ziemlich vernachlässigte Gruppe warf." So beschreibt SCHORLEMMER [16, 17, 18] die Lage auf diesem Gebiet, dessen Entwicklung nach Aufstellung der KEKULÉschen Theorie explosionsartig vonstatten gehen und eine neue Art chemischer Industrie hervorbringen sollte, während die heute hoch entwickelte technische Verarbeitung von Paraffinen noch nicht vorstellbar war.

Lassen wir hierzu KEKULÉ selbst zu Worte kommen: „Einzelne Chemiker scheinen der Ansicht zuzuneigen, das Benzol und die mit ihm homologen Kohlenwasserstoffe leiteten sich aus den in die Klasse der Fettkörper gehörigen Kohlenwasserstoffen durch einfachen Austritt von Wasserstoff und dadurch veranlaßtes Zusammenschieben der Kohlenstoffatome her. Ich kann diese Ansicht nicht teilen; ich glaube vielmehr, daß ein Kohlenwasserstoff von der Formel C_6H_6, der sich vielleicht aus C_6H_{12} durch Wasserstoffentziehung wird darstellen lassen, ... mit dem Benzol nur isomer, aber nicht identisch sein wird.“ [19]

Dieser Kohlenwasserstoff wurde dann auch entdeckt: das Dipropinyl.

„Wenn man sich von der atomistischen Konstitution der aromatischen Verbindungen Rechenschaft geben will, so muß man zunächst wesentlich den folgenden Tatsachen Rechnung tragen:

1. Alle aromatischen Verbindungen, selbst die einfachsten, sind an Kohlenstoff verhältnismäßig reicher als entsprechende Verbindungen aus der Klasse der Fettkörper.

2. Unter den aromatischen Verbindungen gibt es, ebenso wie unter den Fettkörpern, zahlreiche homologe Substanzen.

3. Die einfachsten aromatischen Substanzen enthalten mindestens sechs Atome Kohlenstoff.

4. Alle Umwandlungsprodukte aromatischer Substanzen zeigen eine gewisse Familienähnlichkeit, sie gehören sämtlich der Gruppe der „aromatischen Verbindungen“ an. Bei tiefer eingreifenden Reaktionen wird zwar häufig ein Teil des Kohlenstoffs eliminiert, aber das Hauptprodukt enthält mindestens sechs Atome Kohlenstoff. Die Zersetzung hält bei Bildung dieser Produkte ein, wenn nicht eine vollständige Zerstörung der organischen Gruppe eintritt.

Diese Tatsachen berechtigen zu der Annahme, daß in allen organischen Verbindungen ein und dieselbe Atomgruppe oder, wenn man will, ein gemeinschaftlicher Kern enthalten ist, der aus sechs Kohlenstoffatomen besteht. Innerhalb dieses Kerns sind die Kohlenstoffatome gewissermaßen in engerer Verbindung oder in dichterer Aneinanderlagerung; daher kommt es, daß alle aromatischen Verbindungen verhältnismäßig reich an Kohlenstoff sind. An diesen Kern können sich dann weitere Kohlenstoffatome anlagern und zwar in derselben Weise und nach denselben Gesetzen, wie dies bei den Fettkörpern der Fall ist; so erklärt sich die Existenz der homologen Verbindungen. ...“ [20]

KEKULÉ hat sich auch sehr umfassend und sorgfältig mit der prismatischen Formel für das Benzol, wie sie von LADENBURG vorgeschlagen worden war, auseinandergesetzt. Er tat das auch, indem er Experimente, die LADENBURGS Formel beweisen sollten, wiederholte und die Ergebnisse kritisch bewertete bzw. zeigte, daß falsche Konstitutionen von den Autoren angegeben worden waren. Darüber hinaus demonstrierte er durch weitere eigene Experimente die Richtigkeit seiner Theorie [21].

Auch die Arbeiten von CARIUS stützten KEKULÉs Theorie.

KEKULÉ und STRECKER [22] klärten auch experimentell die Bildung von β-Trichloracetylacrylsäure aus Benzol, wenn dieses mit Kaliumchlorat und Schwefelsäure erhitzt wird.

„Versucht man sich von ihrer Bildung mit Zugrundelegung der Prismaformel Rechenschaft zu geben, so stößt man, wie KEKULÉ und STRECKER bemerken, auf zwar nicht unüberwindbare Schwierigkeiten, aber doch auf unverkennbare Unwahrscheinlichkeiten." [21]

Schließlich sei auch noch auf einen entscheidenden Beweis für die Richtigkeit der KEKULÉschen Benzolformel hingewiesen, den wir BAEYER verdanken. Er erhielt bei der Zersetzung von Dioxyterephthalsäure Kohlendioxid und Hydrochinon.

Aus heutiger Sicht gibt BECKER [23] aber folgende Einschätzung: „Aus der wellenmechanischen Untersuchung des Problems ergibt sich, daß ein Qualitätsumschlag erfolgt und ein neuer Bindungs- und Strukturzustand entsteht, eben der aromatische Zustand, der dadurch gekennzeichnet ist, daß die Bindungselektronen vollkommen gleichmäßig über das gesamte System verteilt sind. In Einklang damit ergeben sich veränderte Möglichkeiten und Typen chemischer Reaktionen. Trotzdem muß hier festgestellt werden, daß das seit 100 Jahren bearbeitete Problem des aromatischen Zustandes noch nicht umfassend gelöst ist."

Die von DEWAR und LADENBURG vorgeschlagenen Strukturen sind in diesem Licht auch noch für die heutige theoretische Durchdringung des Problems von Interesse.

KEKULÉ hat auch frühzeitig auf die Bedeutung physikalischer Methoden in der chemischen Forschung hingewiesen. Diese Voraussicht hat sich auf eine Art und Weise bestätigt, an die KEKULÉ wohl nicht geglaubt hat. BERNAL [24] schreibt im Zusammenhang mit der Bewertung der Röntgenstrukturanalyse: „So ergab sich, daß die bildhaften Vorstellungen, die sich KEKULÉ und die anderen organischen Chemiker des 19. Jahrhunderts von den Molekülen gemacht hatten, um die logischen Schlußfolgerungen aus den chemischen Reaktionen zu illustrieren, in der Tat eine materielle und räumliche Grundlage besitzen."

Die Nutzung physikalischer Methoden, speziell auch bei der Aufklärung chemischer Strukturen, bringt immer neue Verfahren hervor. Dennoch ist es bis heute noch immer nicht gelungen, dem Benzol und seinen Derivaten die letzten Geheimnisse zu entreißen [23].

Als philosophisch-erkenntnistheoretisches Problem gilt noch heute die richtige Erfassung der Einheit von Empirischem und Theoretischem, von Analyse und Synthese, von theoretisch-schöpferischer Konstruktion und abbildender Darstellung in der Widerspiegelung der objektiven Realität durch die Wissenschaften [25]. Dabei besitzt die Modellmethode, deren sich KEKULÉ, van't HOFF und andere bedienten, nicht nur heuristische Bedeutung. Auch der approximative Charakter der mit ihr gewonnenen Erkenntnisse und die Möglichkeit, mit ihrer Hilfe nicht nur Strukturen, sondern auch Funktionen, Prozesse und Entwicklungen, also auch chemische Reaktionen, darzustellen, sollen hier noch einmal ausdrücklich genannt werden.

Die KEKULÉschen Modelle waren immerhin bereits gut genug, um „Überführungen in die Praxis", wie wir heute sagen würden, zu ermöglichen.

Seine Rolle bei der Herausarbeitung der neuen Strukturtheorie schätzte KEKULÉ [26] selbst ein, als er auf dem ihm zu Ehren veranstalteten „Benzolfest" am 11. 5. 1890 sagte: „Wir alle stehen auf den Schultern unserer Vorgänger; ist es da auffallend, daß wir eine weitere Aussicht haben als sie? ... Etwas *absolut* Neues ist noch niemals gedacht, sicher nicht in der Chemie.",

Denken auch wir in aller Bescheidenheit bei unserer wissenschaftlichen Arbeit daran.

Literatur

[1] PLANCK, M.: Wissenschaftliche Selbstbiographie, Leipzig 1970, S. 16f.
[2] ENGELS, F.: Dialektik der Natur, Berlin 1952, S. 33, 266ff. und 272.
[3] WEISSBACH, H.: Strukturdenken in der organischen Chemie, Berlin 1971, S. 92.
[4] SCHORLEMMER, C.: Ursprung und Entwicklung der organischen Chemie, Leipzig 1979, S. 195ff.
[5] VOLHARD, J.: Brief an A. Kekulé vom 25. August 1883.
[6] KEKULÉ, A.: Brief an J. Volhard vom 2. Oktober 1883.
[7] BERNAL, J. D.: Die Wissenschaft in der Geschichte, Berlin 1961, S. 481.
[8] KEKULÉ, A. und ZINCKE: Ber. dtsch. chem. Ges. **3** (1870), S. 129 und 136.
[9] SCHORLEMMER, C.: A. a. O., S. 107.
[10] KEKULÉ, A.: Lehrbuch der organischen Chemie, 1861–1887, 3 Bde. (unvollendet).
[11] KEKULÉ, A.: Ann. Chem. Pharm. **104** (1857), S. 129.
[12] KEKULÉ, A.: Ann. Chem. Pharm. **106** (1858), S. 151.
[13] SCHORLEMMER, C.: A. a. O., S. 121f.
[14] KEKULÉ, A.: A. a. O., Bd. 1, S. 10.
[15] GMELIN, L.: Handbuch der organischen Chemie, Bd. 1, S. 3.
[16] SCHORLEMMER, C.: A. a. O., S. 172f.
[17] KEKULÉ, A.: Bull. Soc. Chim. France **1** (1865), S. 98.
[18] KEKULÉ, A.: Ann. Chem. Pharm. **137** (1866), S. 129.
[19] SCHORLEMMER, C.: A. a. O., S. 174f.
[20] SCHORLEMMER, C.: A. a. O., S. 172f.
[21] SCHORLEMMER, C.: A. a. O., S. 181ff.
[22] KEKULÉ, A. und A. STRECKER, Ann. Chem. Pharm., **223** (1884), S. 170.
[23] BECKER, H. G.O.: Sitzungsberichte der Akad. d. Wiss. d. DDR 9N/1976, Berlin 1976, S. 24.
[24] BERNAL, J. D.: A. a. O., S. 544.
[25] HÖRZ, H.: Sitzungsberichte der Akad. d. Wiss. d. DDR 11G/1978, Berlin 1978, S. 3.
[26] BUGGE, G. (Herausgeber): Das Buch der großen Chemiker, Bd. 2, S. 201, Weinheim/Bergstr. 1955.

Lothar Dunsch, Wolfgang Girnus

August Kekulé und die Ausbreitung der chemischen Strukturtheorie im 19. Jahrhundert

Als der junge Ordinarius für Chemie des Polytechnikums Riga, Wilhelm Ostwald, im Jahre 1883 auf einer Studienreise auch August Kekulé in Bonn besuchte und ihm seine physikalisch-chemischen Studien vortrug, riet Kekulé: „Aber, mein lieber junger Freund, ich kann Ihnen nur raten, geben Sie die Sache auf. Ich habe vor Jahren dreimal vierundzwanzig Stunden ununterbrochen darüber nachgedacht und mich überzeugt, daß da nichts zu machen ist.“ [1]

Kekulés Antwort ist überraschend, ließen doch seine Beiträge zur Theorie der Chemie eine aufgeschlossenere Haltung gegenüber der Entwicklung der physikalischen Chemie erwarten. Ostwald jedenfalls ließ sich von Kekulés Urteil nicht beeinflussen und setzte seine elektrochemischen Untersuchungen an organischen Säuren fort, um den Zusammenhang zwischen Struktur und Leitfähigkeit dieser Verbindungen zu ergründen. Gerade die Entwicklung der Elektrochemie zu Beginn des 19. Jahrhunderts hatte ja erst die Weiterentwicklung der Strukturtheorie ermöglicht. Sie fand ihren Ausdruck in der Formulierung der elektrochemischen Theorie von Berzelius. Die elektrochemischen Untersuchungen von J. W. Ritter, H. Davy, J. J. Berzelius u.a. hatten die Möglichkeit eröffnet, gelöste oder geschmolzene Stoffe mit Hilfe des elektrischen Stromes zu zerlegen und somit Aussagen über deren Struktur zu erhalten. Berzelius weitete die an anorganischen Verbindungen gewonnene Erkenntnis, daß die sich an der positiven bzw. negativen Elektrode abscheidenden Stoffe aufgrund ihrer Ladung die Ausgangsverbindung bilden, auch auf organische Verbindungen aus. Er schuf so die dualistische Theorie von den elektropositiven und elektronegativen Radikalen, die die bis dahin bekannten Erscheinungen hinreichend erklären konnte. Mit den Untersuchungen Faradays und der Aufstellung der nach ihm benannten Gesetze bot die Elektrochemie die Möglichkeit, quantitative Aussagen über elektrochemisch untersuchte Stoffe zu treffen. Die Strukturtheorie organischer Verbindungen konnte aber damit nicht weiter ausgebaut werden, denn derartige Messungen einfacher Systeme erfordern die Existenz von Ionen. Die Untersuchungen von Dumas über Substitutionsreaktionen an – wie wir heute sagen – nichtdissoziierbaren Verbindungen führten zum Sturz der elektrochemischen Bindungstheorie.

Gerhardt und Laurent ersetzten die dualistische Theorie von Berzelius durch die unitäre Theorie der Verbindungstypen. Diese Typen faßten Ähnlichkeiten in der Konstitution der Verbindungen zusammen. Auch Aussagen über die Struktur der Typen konnte in gewissem Umfang abgeleitet werden.

Eine erklärende Strukturtheorie mußte darüber hinaus auf der Grundlage der exakten Atomgewichte nicht nur die Anzahl der einzelnen Atome in einer Verbindung, sondern auch deren Bindung zueinander richtig angeben können.

So stellte sich Kekulé der Erkenntnisstand dar, als er im Sommersemester 1856 als Privatdozent der Heidelberger Universität seine akademische Lehrtätigkeit begann. Seine Vorlesungen über organische Chemie zwangen ihn zur straffen Systematisierung des zu vermittelnden Wissens. Dadurch wurde ihm die Unzulänglichkeit der bislang üblichen Systematisierungsprinzipien als wissenschaftliches Problem bewußt. Insbesondere die offensichtlichen Unklarheiten über die Konstitution komplizierter organischer Verbindungen veranlaßten ihn, nach einer neuen Lösung zu suchen. Er veröffentlichte seinen Vorschlag 1857/58 in seinen Arbeiten „Ueber die Constitution und die Metamorphosen der chemischen Verbindungen und über die chemische Natur des Kohlenstoffs“ [2]. Aus der Erkenntnis der Vierwertigkeit – oder „Vieratomigkeit“, wie Kekulé es selbst ausdrückte – des Kohlenstoffatoms entwickelte er darin die Kerngedanken seiner Valenz- bzw. Strukturtheorie. Damit konnte in der Folge die Konstitution vieler Verbindungen, insbesondere aliphatischer Kohlenwasserstoffe (Fettkörper), befriedigend erklärt werden. Eine entsprechende strukturtheoretische Erklärung aromatischer Verbindungen schien dagegen nicht möglich bzw. wurde bestritten [3]. Kekulés Lösung dieses Problems war seine berühmte Strukturformel des Benzols, die er 1865 erstmalig veröffentlichte [3].

Es soll hier nicht eine detaillierte Analyse der Problemlösung und ihrer Auffindung durch Kekulé vorgelegt werden. Darüber existieren genügend Spekulationen [4]. Auch ist die Bedeutung der Kekuléschen Gedanken für die Entwicklung der Chemie zu früheren Gelegenheiten [5] ebenso wie im vorangegangenen Beitrag ausführlich gewürdigt worden. Es soll vielmehr gezeigt werden, wie es Kekulé einerseits verstand, seine neuen Gedanken zielstrebig und konsequent in der wissenschaftlichen Öffentlichkeit durchzusetzen und zu allgemeiner Anerkennung zu führen, und wie sich andererseits dadurch der Erkenntnisstand der Strukturchemie und damit im Zusammenhang das Verhältnis der organischen Chemie zu anderen Teildisziplinen der Chemie veränderte.

Zum einen nutzte er natürlich seine Vorlesungen, um seine Ansichten seinen Schülern zu übertragen. Adolf von Baeyer bestätigte später auch den Erfolg seines Lehrers mit den Worten: „Die jüngeren Chemiker können sich aus der Literatur keine genügende Vorstellung von dem Einfluß machen, den der junge Kekulé auf seine Zeitgenossen ausgeübt hat ... Hingerissen von dem logischen Zusammenhang der neuen Lehre, welche später Strukturchemie getauft worden ist, ließ er vor seinen begeisterten Zuhörern das Gebäude der theoretischen Chemie erstehen, in dem wir noch heute wohnen" [6].

Weiterhin trug sich KEKULÉ mit dem Gedanken, ein Lehrbuch zu schreiben. Dafür gab es mehrere Gründe: Einmal standen seiner Meinung nach keine theoretisch auf der Höhe ihrer Zeit stehenden Lehrbücher zur Verfügung. Am 23. November 1856 schrieb er sogar an A. WILLIAMSON: „Unsere Lehrbücher ... sind ohne Ausnahme schlecht, die meisten sogar sehr schlecht ... In den meisten unserer kleinen Lehrbücher ist das Thatsächliche noch erträglich behandelt, aber Definitionen, Begriffe und Verallgemeinerungen sind unbegreiflich unklar. Ein *gutes* elementares Lehrbuch ist also *Bedürfnis*." [7] Zweitens war es, wie teilweise auch heute noch, üblich, den selbst erarbeiteten und systematisierten Vorlesungsstoff in ein Lehrbuch umzuarbeiten. Dabei haben derartige systematisch-zusammenfassende Darstellungen des Wissens einer Wissenschaftsdisziplin oder eines ihrer Teilgebiete, verbunden mit den neuesten Erkenntnissen aus der unmittelbaren Forschungstätigkeit des Autors und geschrieben aus seiner besonderen Sichtweise, immer eine bedeutende Rolle in der Entwicklungsgeschichte der betreffenden Disziplin gespielt. Genannt seien hier nur J. J. BERZELIUS' „Lehrbuch der Chemie" [8], L. GMELINS „Handbuch der theoretischen Chemie" [9], W. OSTWALDS „Lehrbuch der allgemeinen Chemie" [10] oder W. NERNSTS „Theoretische Chemie vom Standpunkte der Avogadro'schen Regel und der Thermodynamik" [11]. Drittens hatte KEKULÉ mit seiner Valenztheorie ein neuartiges und fundamentales Prinzip, das es ihm gestattete, das gesamte Wissen der organischen Chemie in seinem inneren Zusammenhang systematisch geordnet darzustellen, was bislang noch nicht erfolgt war. Und viertens schließlich ergab sich die günstige Gelegenheit, als ein Kollege der medizinischen Fakultät den Verleger Ferdinand ENKE an KEKULÉ verwies, mit dem Hinweis, diesen zum Verfassen eines Lehrbuches zu veranlassen. 1861 erschien der erste Band von KEKULÉS „Lehrbuch der organischen Chemie oder der Chemie der Kohlenstoffverbindungen" [12]. Aus der kritischen Wertung aller bisherigen Ansichten über die Zusammensetzung und Konstitution organischer Verbindungen entwickelte er darin seine Strukturtheorie, widmete einen besonderen Teil der klaren Fassung der Begriffe „Atom", „Molekül" und „Äquivalent" und ebenso einen Teil den Beziehungen zwischen chemischen und physikalischen Eigenschaften und wandte die so geschaffenen theoretischen Grundlagen bei der Stoffklassifikation und -beschreibung konsequent an. Der zweite Band erschien 1866, die erste Lieferung des dritten 1867. Nach längerer Unterbrechung erschien die zweite Lieferung des dritten Bandes 1880. Das Lehrbuch blieb unvollendet; die Gründe dafür gab R. ANSCHÜTZ in seiner KEKULÉ-Biographie an [13]. Der Erfolg von KEKULÉS Lehrbuch ist heute unbestritten. Es hat wesentlich zur Verbreitung der Strukturtheorie beigetragen und diente mehreren Chemikergenerationen als unentbehrliches Lehr- und Nachschlagewerk.

Als dritte bedeutende Leistung bei der Verbreitung und Durchsetzung seiner

Gedanken muß man zweifellos seinen Anteil an der inhaltlich-konzeptionellen und organisatorischen Vorbereitung und Durchführung des internationalen Karlsruher Chemikerkongresses von 1860 anführen. In der eigenen Arbeit, vor allem aber in wissenschaftlichen Diskussionen mußte KEKULÉ feststellen, daß die bislang gebräuchlichen Fassungen der Begriffe „Atom", „Molekül" und „Äquivalent" uneinheitlich und unscharf waren und deshalb das Verstehen und damit auch die Anerkennung seiner Gedanken enorm erschwerten. Aus diesem Grunde unterbreitete er im Herbst 1859 dem Karlsruher Chemiker K. WELTZIEN den Vorschlag, einen internationalen Chemikerkongreß einzuberufen, um die genannten Grundbegriffe klar und einheitlich zu definieren und so zugleich eine einheitliche Schreibweise der chemischen Formeln zu erzielen. Nach einigen, die Realisierungsmöglichkeiten eines solchen Projektes betreffenden Vorklärungen seitens WELTZIENS stimmte dieser begeistert zu, und am 14. März 1860 und dann noch einmal konkreter am 24. Juli 1860 teilte ihm KEKULÉ seine Vorstellungen über Programm und Taktik der Kongreßführung brieflich mit. Allein diese Briefe, im Spiegel des tatsächlichen Kongreßverlaufs, seiner Ergebnisse und Wirkung unter den Wissenschaftlern gesehen, legen Zeugnis ab über den wirklichen Anteil KEKULÉs und berechtigten ANSCHÜTZ zu der Feststellung, daß dieser Kongreß KEKULÉs Kongreß war [14]. Die Ergebnisse des Kongresses sind bekannt. Obwohl man sich erwartungsgemäß nicht in allen Fragen einigen konnte, ging er in die Wissenschaftsgeschichte als ein Triumph des chemischen Atomismus ein. Für KEKULÉ war er ein besonderer Erfolg; er konnte nun sicher sein, entscheidende Kommunikationsbarrieren für das Verständnis seiner Strukturtheorie abgebaut zu haben.

Schließlich soll viertens KEKULÉs Verhältnis zu den fachwissenschaftlichen Zeitschriften hier kurz beleuchtet werden. Fachzeitschriften dienten ihm keineswegs allein als Publikationsorgane seiner zahlreichen experimentellen und theoretischen Forschungsresultate. Schon 1858 begründete er gemeinsam mit G. LEVINSTEIN, F. EISENLOHR und M. CANTOR die „Kritische Zeitschrift für Chemie, Physik und Mathematik", weil es seines Erachtens in Deutschland zu dieser Zeit kein geeignetes Publikationsorgan gab, das die Vielzahl der erscheinenden wissenschaftlichen Abhandlungen und Bücher hinreichend kritisch referierte. Darüber hinaus bot es KEKULÉ günstige Möglichkeiten, aus der kritischen Abgrenzung zu den herrschenden Anschauungen in der organischen Chemie heraus seine eigenen Vorstellungen zu entwickeln und zu publizieren. Mit der Arbeit an seinem Lehrbuch, das ihm dazu noch günstigere Möglichkeiten bot, erlosch jedoch sein Interesse, aktiv an der Schriftleitung der Zeitschrift teilzunehmen, und an seine Stelle trat ERLENMEYER. Später, als sich die „Berichte der Deutschen Chemischen Gesellschaft" seit ihrem erstmaligen Erscheinen 1868 innerhalb kurzer Zeit zu der verbreitetsten chemischen Zeitschrift Deutschlands entwickelten, wurde KEKULÉ in der Zeitschriftenfrage nochmals aktiv. Der Erfolg der „Berliner Berichte" führte nicht nur zum Erliegen der von ihm mitbegründeten „Kritischen Zeitschrift für Chemie", sondern bedrohte zugleich die Existenz von „Liebig's Annalen der Chemie". In dieser Situation trug sich KEKULÉ mit dem Gedanken, im Anschluß an die „Berliner Berichte" eine Konkurrenz-Zeitschrift zu „Liebig's Annalen" zu begründen. Ein Brief ERLENMEYERS, inzwischen Mitherausgeber der „Annalen", an KEKULÉ [15] veranlaßte diesen, ERLENMEYERS Redaktionstätigkeit scharf zu kritisieren, jedoch auch von seinem Plan Abstand zu nehmen und den „Annalen" seine Unterstützung zuzusichern. Zugleich verstärkte er seinen Einfluß auf die Redaktionstätigkeit der Herausgeber erheblich.

Die angeführten vier Beispiele zeigen deutlich, wie KEKULÉ zielstrebig und konsequent die sich ihm bietenden Möglichkeiten erschloß, seine Ansichten in der wissenschaftlichen Öffentlichkeit publik zu machen und bis zur allgemeinen Anerkennung zu führen.

Um die eingangs zitierte Ablehnung KEKULÉs gegenüber physikalisch-chemischen Arbeiten erklären zu können, soll die Frage gestellt werden, inwieweit physikalische Theorien und Meßverfahren zur Lösung der Strukturprobleme – wie sie KEKULÉs vorfand und erfolgreich bearbeitete – beitragen konnten.

Für die Bestimmung physikalischer Eigenschaften chemischer Verbindungen standen eine Reihe von Methoden zur Verfügung, die KEKULÉ in seinem Lehrbuch angegeben hat. Die Anwendbarkeit physikalischen Gedankenguts in der Strukturtheorie hat Lothar MEYER 1864 in seinen „Modernen Theorien der Chemie" folgendermaßen charakterisiert: „Die Physik aber war zu Anfang dieses (des 19. – d. V.) Jahrhunderts, als die Chemie auf Grund der atomistischen Hypothese ihre neue glänzende Entwicklung begann, nicht im Stande, auf dieses Gebiet zu folgen. Wenn auch die Physiker in ihren Betrachtungen oft auf die kleinsten Theile der Materie zurückzugehen schienen, ... so legten sie ihren Rechnungen in Wirklichkeit doch meist die Annahme homogener, continuirlicher Massen zu Grunde und gingen nicht zurück auf die einzelnen Atome, ohne deren Annahme das chemische Lehrgebäude nicht mehr bestehen konnte." [16]

KEKULÉ blieb nur die Möglichkeit, anhand der Ergebnisse von organisch-präparativen Arbeiten seine Hypothesen zur Struktur organischer Verbindungen aufzustellen.

Wie die Anschauungen KEKULÉs die Grundlage weiterer strukturchemischer Arbeiten und auch der Aufnahme physikalisch-chemischer Untersuchungen zu dieser Problematik wurden, soll nicht an der Entwicklung der gesamten Chemie, sondern am Beispiel eines einzelnen Wissenschaftlers verdeutlicht werden – an dem des KEKULÉ-Schülers Jacobus Henricus van't HOFF.

Van't HOFF nahm KEKULÉs Erwähnung der gerichteten vier Valenzen des Kohlenstoffs in einem Tetraeder auf, um mit seinem Tetraedermodell des Kohlenstoffs eine Stereochemie organischer Verbindungen zu begründen, die eine Erklärung der optischen Eigenschaften organischer Verbindungen erlaubte [17]. Diese Ansichten lagte er in seiner Arbeit „Die Lagerung der Atome im Raume" nieder. Danach begann van't HOFF, die Zusammenhänge zwischen

Struktur und chemischen Eigenschaften organischer Verbindungen systematisch zu untersuchen. Das Ergebnis dieser Studien waren seine „Ansichten über die organische Chemie“ [18], die in zwei Teilen 1878 und 1881 erschienen. Van't Hoff stellte darin den Kohlenstoff und seine Modifikationen in den Vordergrund, um dann zum Methan und seinen Derivaten im weitesten Sinne des Wortes – also auch zu den Carbonaten – überzugehen.

Dieses Buch beeinflußte die Entwicklung der organischen Chemie kaum, obwohl es sofort einem großen Leserkreis zugänglich war. Für van't Hoffs wissenschaftliche Entwicklung war es jedoch von großer Bedeutung. In der Einleitung zu seinen „Ansichten“ stellte er heraus, worum es ihm ging: „Die Gesamtbetrachtung der verwickelten chemischen Beschaffenheit einer Verbindung wird durch die Beantwortung der Frage erzielt: Was wird unter bestimmten Umständen, nach bestimmter Zeit die Folge des Zusammenbringens einer Verbindung mit bestimmten Mengen anderer, ebenfalls der chemischen Natur nach bekannter Verbindungen sein?“ [19] Diese Frage war für van't Hoff der Ansatzpunkt seiner kinetischen Betrachtungen. Bereits wenige Seiten darauf führte er die Reaktionsgeschwindigkeitsgleichung in der noch heute gültigen Form ein; dabei bezeichnete er die Geschwindigkeitskonstante je nach Reaktion als Einwirkungs- oder Zersetzungskoeffizienten. Er fragte dann, wie zum einen Reaktionen beeinflußt werden können und warum sie andererseits überhaupt ablaufen. Eine Antwort darauf gab er in seinem nächsten Werk, den 1884 erschienen „Études de dynamique chimique“ [20]. Dort begründete er die moderne chemische Kinetik und führte die exakte thermodynamische Definition der Affinität ein.

Die verbreitete Ansicht, daß sich van't Hoff damit und später mit seinen weiteren wegweisenden Arbeiten zur Mitbegründung der physikalischen Chemie als einer selbständigen Wissenschaftsdisziplin (osmotische Lösungstheorie-experimentelle Untersuchung ozeanischer Salzablagerungen usw.) gänzlich von den strukturtheoretischen Fragen der organischen Chemie abwandte, ist nicht berechtigt. Er betonte, daß eine der Hauptentwicklungslinien der Chemie seiner Zeit in der Aufklärung der Zusammenhänge zwischen den Eigenschaften der Verbindungen und ihrer Struktur besteht. Für eine Reihe von Verbindungseigenschaften war diese Aufgabe auch schon gelöst worden, so daß diese Eigenschaften aus den Strukturformeln dieser Verbindungen deduziert werden konnten. Van't Hoff erkannte diese Erfolge der Strukturtheorie als bedeutende Fortschritte, die vor allem der organischen Synthesechemie zugute kamen, uneingeschränkt an, machte jedoch gleichzeitig auf die Grenzen des Geltungsbereichs der Strukturformeln aufmerksam, indem er auf ihren entscheidenden Mangel hinwies. 1898 sagte er, daß dieser Mangel seiner Ansicht nach „eben durch die Natur der Configurationsformel bedingt wird. Sie stellt das Molecül als ein starres Ganzes dar und entspricht also höchstens den Verhältnissen, welche beim absoluten Nullpunkt, d.i. bei $-273°$, vorliegen und lange vorher sind sämmtliche Lebensäusserungen erloschen, mit anderen Worten, der innere

Molecularzustand ist erklärt für Umstände, bei denen das Leben aufhört." [21] Diese Äußerung verdeutlicht, wie tief van't HOFF in der dynamischen Denkweise verwurzelt war. Seine experimentellen und theoretischen Arbeiten zur Aufklärung der chemischen Bindungsverhältnisse bzw. der Affinität sind unter diesem Aspekt gleichermaßen Bemühungen um die Erweiterung des Geltungsbereichs der Strukturtheorie auf Zustandsbedingungen, in denen die Mehrzahl aller chemischen Prozesse ablaufen. Van't HOFF wollte die statische Strukturtheorie KEKULÉs für die Dynamik des realen chemischen Prozesses gültig und praktikabel machen. Den Weg dazu sah er – wie wir heute wissen, zu Recht – in der Ausarbeitung und Entwicklung der chemischen Kinetik, einem Kernstück der physikalischen Chemie überhaupt.

Nachdem sich die physikalisch-chemische Forschung bis zu den 70er Jahren des vorigen Jahrhunderts auf das Untersuchen der physikalischen Eigenschaften der Materie konzentrierte, war nach van't HOFFs Meinung für die daran anschließende Entwicklungsperiode der physikalischen Chemie das Erforschen der Natur der chemischen Verwandtschaft bzw. Affinität auf theoretischer Grundlage charakteristisch. Dieser Wechsel in der allgemeinen Entwicklungsrichtung der physikalischen Chemie ging einher mit einer Veränderung des Charakters der physikalisch-chemischen Forschung. „Beim Ausarbeiten unserer Vorstellungen von der Materie", sagte van't HOFF 1904, „führte die physikalische Chemie physikalische Methoden und Geräte zur Untersuchung der physikalischen Eigenschaften ein, beim Ausarbeiten der Verwandtschaftsvorstellungen jedoch führte die physikalische Chemie neue physikalische Prinzipien ein." [22]

So weit kann das Fortwirken von KEKULÉs Strukturtheorie gesehen werden. Die Auffassungen van't HOFFs zeigen deutlich den Einfluß seines Lehrers KEKULÉ auf die Entwicklung der Chemie des 19. Jahrhunderts; sie sind ein Stück Wissenschaft und ihrer Entwicklung in ihrer Differenziertheit und Einheit zugleich.

Literatur

[1] OSTWALD, W.: Lebenslinien, Eine Selbstbiographie, Bd. 1, Berlin 126, S. 197.

[2] KEKULÉ, A.: Über die s. g. gepaarten Verbindungen und die Theorie der mehratomigen Radicale, Liebig's Ann. Chem., **104**, 129 (1857);
KEKULÉ, A.: Über die Constitution und die Metamorphosen der chemischen Verbindungen und über die chemische Natur des Kohlenstoffs, Liebig's Ann. Chem., **106**, 129 (1858).

[3] KEKULÈ A.: Untersuchungen über aromatische Verbindungen, Liebig's Ann. Chem., **137**, 129 (1866); vgl. dasse.:
KEKULÉ, A.: Sur la constitution des substances aromatiques, Bull. soc chim., N. s., **3**, 98 (1865).

[4] Gemeint sind Kekulés Traumvorstellungen von der Struktur des Benzolmoleküls, über die er anläßlich des 25jährigen Jubiläums seiner Benzolformel selbst berichtete.
Vgl.: Kekulé, A.: Rede, gehalten bei der ihm zu Ehren veranstalteten Feier der Deutschen Chemischen Gesellschaft im Rathaus der Stadt Berlin, am 11. März 1890. In: Anschütz, R.: August Kekulé, Bd. 2, Berlin 1929, S. 941f.

[5] Vgl. z.B.: Z. angew. Chem., **42**, 901 (1929) – Sonderheft zum 100. Geburtstag von August Kekulé.

[6] Baeyer, A. von: Gesammelte Werke, Bd. 1, S. XII, zit. nach: Anschütz, R.: August Kekulé, Bd. 1, Berlin 1929, S. 68.

[7] Zit. nach: Anschütz, R.: August Kekulé, Bd. 1, a.a.O., S. 69.

[8] Berzelius, J. J.: Lehrbuch der Chemie, 5 Bde., Dresden 1825–1831.

[9] Gmelin, L.: Handbuch der theoretischen Chemie, 2 Bde., 2. Aufl., Frankfurt a. M. 1821/22.

[10] Ostwald, W.: Lehrbuch der allgemeinen Chemie, 2 Bde., Leipzig 1885/87.

[11] Nernst, W.: Theoretische Chemie vom Standpunkt der Avogadroschen Regel und der Thermodynamik, Stuttgart 1892.

[12] Kekulé, A.: Lehrbuch der organischen Chemie oder der Chemie der Kohlenstoffverbindungen, 3 Bde., Erlangen 1861–1866.

[13] Anschütz, R.: August Kekulé, Bd. 2, a.a.O., S. 485ff.

[14] Ebenda, Bd. 1, S. 195.

[15] Brief von Erlenmeyer vom 5. 11. 1871 an Kekulé. In: Anschütz, R.: August Kekulé, Bd. 1, a.a.O., S. 404.

[16] Meyer, L.: Die modernen Theorien der Chemie und ihre Bedeutung für die chemische Statik, 1. Aufl., Breslau 1864, S. 10.

[17] van't Hoff, J. H.: Die Lagerung der Atome im Raume Braunschweig 1877.

[18] van't Hoff J. H.: Ansichten über die organische Chemie, 2 Bde., Braunschweig 1878–1881.

[19] Ebenda, Bd. 1, S. 6.

[20] van't Hoff, J. H.: Études de dynamique chimique, Amsterdam 1884.

[21] van't Hoff, J. H.: Über die zunehmende Bedeutung der anorganischen Chemie. In: Verhandlungen der Gesellschaft deutscher Naturforscher und Ärzte, 70. Versammlung zu Düsseldorf, 19.–24. Sept. 1898, Leipzig 1898, S. 113f.

[22] van't Hoff, J. H.: The Relation of Physical Chemistry to Physics and Chemistry, Vortrag, gehalten i. d. phys.-chem. Sektion des International Congress of Arts and Sciences zu St. Louis am 22. 9. 1904, J. phys. Chem., 9, 81 (1905).

Regine Zott

Kekulés Ansichten zum Problem der Allgemeinbildung

Kekulés Verdienste gehören zweifellos in erster Linie der Chemie an, doch nicht allein ihr. Auf das glücklichste trafen gesellschaftliche Anforderungen und seine eigenen vielseitigen Interessen zusammen.

Sein Lebenswerk zeigt eine Fülle über die Chemie hinausgehender kommunikativer und kooperativer Aktivitäten: dem Studienabschluß folgte unmittelbar die Promotion, bereits vier Jahre später (1856) etablierte er sich als Privatdozent, gründete einen Verein, gründete eine Zeitschrift (1858), begann er die Vorarbeiten für ein Lehrbuch, bereitete inhaltlich und organisatorisch den Karlsruher Kongreß von 1860 vor, wurde er Mitglied der Deutschen Chemischen Gesellschaft, beteiligte sich an der Redaktion der nachmaligen Liebigschen Annalen, beeinflußte den Bonner Institutsneu- und später den Erweiterungsbau, sammelte er als Hochschullehrer in Heidelberg, Genf und Bonn stets Schüler um sich, übernahm 1875 das Dekanat und 1877 das Rektorat der Universität Bonn.

Seine außerchemischen Aktivitäten lagen also auf den Gebieten der Pädagogik, Publizistik, Organisation, Architektur und Kunst, auch der Methodologie und Philosophie, kaum der Politik.

Diese Bereiche betrachtend ergeben sich folgende Überlegungen: Erstens ist festzustellen, daß diese Gebiete anscheinend nicht nur Fixpunkte individueller Neigungen sind, sondern sich bei anderen, auch kommunikationsfreudigen Wissenschaftlern in ähnlicher Vollständigkeit zeigen, wenn auch mit unterschiedlicher Intensität belegt; so waren beispielsweise Liebig als Populärpublizist oder Ostwald als Initiator von Vereinigungen weitaus aktiver. Weiterhin kann angenommen werden, daß diese Gebiete fachübergreifender Aktivitäten in gewisser Weise epochenspezifisch sind, den Entwicklungsstand einer Disziplin kennzeichnen. So waren beispielsweise Ausmaß und Möglichkeiten der Mitsprache in technischen oder Industrie-Kommissionen für die Chemiker im Verlaufe des 19. Jahrhunderts nicht nur individuell, sondern auch tendenziell symptomatisch. Der Umstand, daß die aufblühende chemische Industrie, obwohl mehr oder minder von der Wissenschaft abhängig, noch lange Zeit aus relativ kleinen Betrieben bestand, erleichterte die Verbindung (nicht selten auch die Personalunion) von Unternehmer und Chemiker, ohne daß dazu besondere institutionelle Voraussetzungen erforderlich gewesen wären. Drittens gestattet auch die biografisch vergleichende Betrachtung kommunikativer Aktivitäten gewisse Rückschlüsse:

Die publizistischen, organisatorischen und pädagogischen Aktivitäten setzten bei KEKULÉ nacheinander ein und endeten in umgekehrter Reihenfolge; die Kraft und die Neigung zur Lehre versiegten am ehesten, dann die zur organisatorischen Arbeit, endlich die zur Publizistik wissenschaftlicher und anderer Arbeiten.

Da sich diese Gegenläufigkeit von Beginn und Ende jener Aktivitäten auch bei anderen Gelehrten belegen läßt, sollten sich doch Schlußfolgerungen für die Wissenschaftskaderpolitik ableiten lassen. Viertens jedoch – und darauf soll im weiteren eingegangen werden – stehen die kommunikativen Betätigungen von Wissenschaftlern oft in Relation zu wissenschaftstheoretisch höchst interessanten Überlegungen, die sie selbst für wichtig und daher mitteilenswert hielten.

In welcher Gewichtung reflektiert nun KEKULÉ seine „nichtchemische" Arbeit?

Die durch äußere Anlässe verursachten Reflexionen sind quantitativ nicht sehr umfänglich, gemeint sind hier speziell seine Reden von 1877, 1878 und 1890 [1].

Es fällt auf, daß jede von ihnen zwar thematisch in sich geschlossenes Gedankengut darlegt, alle drei Reden zusammen jedoch konzeptionelle Kontinuität aufweisen.

Das erste Thema sind die „Wissenschaftlichen Ziele und Leistungen der Chemie", ihre Position im System der Wissenschaften und ihr Verhältnis zur Physik und zu anderen Disziplinen. Das zweite Thema behandelt die „Principien des höheren Unterrichts und die Reform der Gymnasien" sowie Fragen des Verhältnisses von Wissen und Bildung. Die dritte Rede ist autobiografisch angelegt, beinhaltet vor allem Gedanken über Denkstil und Arbeitsweise, das Prinzip der Anschaulichkeit und über die Position des einzelnen Forschers im historischen Prozeß wissenschaftlicher Arbeit. Somit erscheinen als die drei zentralen und einander verbundenen Themen: das Verhältnis von Chemie und Gesamtwissen, die Wissensvermittlung und der individuelle Problemlösungsprozeß, also – Fragen des Allgemeinen, des Besonderen und des Einzelnen in der Wissenschaft.

Den Fachhistoriker dürfte vor allem die erste Rede interessieren, in ihr erläutert KEKULÉ u.a. seine Position zum Atomismus. Friedrich ENGELS hat diese Rede in seiner „Dialektik der Natur" mehrfach zitiert.

An dieser Stelle soll aber auf KEKULÉs Gedanken über Ausbildung eingegangen werden, und zwar aus zwei Gründen: einerseits sind seine Ansichten darüber bisher nur unzureichend gewürdigt worden, und andererseits legte KEKULÉ Wert auf die Feststellung, es solle gerade „der Naturwissenschaftler sich für besonders befähigt halten, in Fragen des höheren Unterrichts eine Ansicht zu haben, aber er muß überdies sich für besonders verpflichtet erachten, seine Meinung zu äußern" (1; 919), denn die Professoren kannten am besten die Notwendigkeit der Ausbildung, sie selbst haben ja als Forscher das zu vermittelnde Wissens- und Methodengut mit geschaffen.

Das Hauptziel seiner Rede ist die Kritik an der Parallelität und Konkurrenz von Gymnasien und Realschulen, von Universitäten und polytechnischen Akademien seiner Zeit. KEKULÉ bedauert diese dualistische Entwicklung, welche durch die Vernachlässigung der sogenannten „realen" Gegenstände an den Gymnasien verursacht sei. Er geht nicht auf gesellschaftliche Hintergründe dafür ein. Wie es kam, daß Tendenzen von Wissens- und Methodenenzyklopädismus einerseits und von Realienanalyse sowie Empirismus andererseits zu Institutionalisierungen führten – solcherart, daß das altphilologische Humangymnasium mit dem naturwissenschaftlich und praxisorientierten Realgymnasium in Konkurrenz geriet –, legt er nicht dar.

KEKULÉ begründet seine Kritik mit den naheliegenden Folgen: nämlich, die Ausbildung werde zu früh vereinseitigt, die Dominanz einiger Fächer führe zur Abwertung der anderen, was wiederum Kasten- und Elitegeist verursache u.a.

Ein allgemeines Ausgleichen allen Unterrichts und aller Institutionen empfiehlt er aber nicht. Gleiche Ausbildungsbedingungen für alle Bürger hält KEKULÉ für utopisch, für wünschenswert zwar, dennoch hemme das die Förderung der Begabten. Die Vereinheitlichung der Schulen sei ebenfalls nicht ratsam, denn gewisse Spezialisierungen seien erforderlich.

Welche Möglichkeiten sieht dann aber KEKULÉ für die Überwindung des Parallelismus, gegen der er polemisiert?

Er schlägt eine Änderung des Ausbildungskonzepts vor, mit daraus folgenden Reformen:

„Jeder Unterricht", sagt er, „hat immer zwei Ziele im Auge: Schulung des Geistes, das heißt Erwecken und Heranbilden der geistigen Fähigkeiten einerseits, und Beibringen von an sich nützlichen Kenntnissen andererseits." (1; 923) Das *Ziel* also sei zu vereinheitlichen. Dies wirke sich nunmehr auf die Selektion des Unterrichtsstoffes und die zeitliche Staffelung seiner Vermittlung aus. Er entwickelt Vorschläge über den Einsatz der Fachdisziplinen im Unterricht, denen anscheinend wissenschaftsklassifikatorische Überlegungen zugrundeliegen. Die interessanten Anregungen seines Reformkonzepts sind – thesenartig zusammengefaßt – folgende:

1. Eine vereinheitlichende Reform muß in erster Linie konzeptioneller Natur sein, Organisatorisches ist davon abzuleiten.

2. Bildungsinhalte und -formen sollten vor allem von denen mitberaten werden, die die nachfolgenden Anforderungen kennen, also den Professoren, den Wissenschaftlern.

3. Ziel sei: Annäherung an wissenschaftliche Reife, selbständiges Denken und Fragenstellen, Entwicklung *aller* geistigen Fähigkeiten (1; 924). Gut ge-

schult werde bereits die Fähigkeit zu formalem Denken, ungenügend dagegen der Sinn für richtiges Sehen, Vergleichen und Beobachten, das induktive Vorgehen und jede „Geistesfähigkeiten, ... die zum Erfassen und Verstehen der Körperwelt in Anwendung gebracht werden müssen" (1; 930).

4. Gleiches Prestige für alle Fächer, Hebung des Ansehens der Naturwissenschaften.

5. Zielentsprechende Neugestaltung des Unterrichtsstoffes und dabei Betonung des didaktischen Zieles und der Entwicklung geistiger Fähigkeiten, Verdeutlichen des Wesentlichen an einigen Beispielen statt Vermittlung massenhafter Fakten.

6. Immer wieder betont KEKULÉ, wie die Fähigkeit der Anschauung nicht früh genug trainiert werden könne. Bekanntlich spielten bild- und gestalthafte Assoziationen in KEKULÉs Schaffen eine wichtige Rolle, wenngleich dies im Nachhinein zu wunderlichen Mythen Anlaß gab. Übrigens ist gerade *diese* Fähigkeit und Bereitschaft zur Bildung von Assoziationen, welche die Ideen zur Strukturchemie und zur Benzoltheorie *mit* auslöste, die gleiche Fähigkeit, die gleiche geistige Voraussetzung, welche diese fachübergreifende Aufgeschlossenheit *mit* verursacht, von der hier insgesamt die Rede ist.

7. Nur noch erwähnt sei die Reihe organisatorischer Vorschläge, daraus nur beispielsweise jener, statt des „Aufrückens von Klasse zu Klasse ... ein fachweises Vorrücken einzuführen, in der Weise, daß die Schüler immer nur in den Fächern in die höhere Klasse übertreten, in welchen sie die nöthige Reife erlangt haben" (1; 933).

Soweit zu einigen KEKULÉschen Ansichten über studienvorbereitende Ausbildung.

Seine Überlegungen erscheinen in einigen Punkten ausgeprägt modern, weil uns bestimmte der darin behandelten Probleme unter veränderten historischen Bedingungen auch heute beschäftigen (Verhältnis von Allgemein und Spezialbildung, Verhältnis von Natur- und Gesellschaftswissenschaften u.a.). Zugleich beweisen die Überlegungen KEKULÉs hohe gesellschaftliche Engagiertheit.

Allerdings war seinen Ausführungen nur geringe unmittelbare Wirksamkeit beschieden; sofern sie überhaupt gehört und diskutiert wurden, geschah dies aus Respekt vor dem großen Wissenschaftler. Wenn aber seinerzeit LIEBIGS polemische Schriften über die Chemie in Preußen und Österreich vergleichsweise weitaus lebhaftere Auswirkungen zeigten, positive und negative, so lag das an eben ihrem polemischen Charakter vor allem aber daran, daß der Wissenschaftler in der Mitte des 19. Jahrhunderts eine andere gesellschaftliche Stellung einnahm als KEKULÉ, der Wissenschaftler in der Gründerzeit.

Um so notwendiger ist das Zusammentragen historischer Reflexionen, einerseits, um ein möglichst vollständiges Bild jener Zeit zu gewinnen, und andererseits, um Probleme der Gegenwart besser zu verstehen. Probleme der Gegenwart historisch zu begreifen, ist eine ihrer Lösungsvoraussetzungen. Ideen, Probleme in ihrer Entwicklung zu betrachten hilft also, die Vergangenheit *und* die Gegenwart zu verstehen und ist, wie Max BLOCH schrieb, ein „Maßstab zur Wertschätzung", „Kammerton der Zunkunft" [2].

Literatur

[1] KEKULÉ, A.: Die wissenschaftlichen Ziele und Leistungen der Chemie, Rede, gehalten beim Antritt des Rectorates der Rheinischen Friedrich-Wilhelm-Universität am 18. Oktober 1877. In: ANSCHÜTZ, R.: August Kekulé, Bd. 2, Berlin 1929, S. 903–917.
KEKULÉ, A.: Die Principien des höheren Unterrichts und die Reform der Gymnasien, Rede zur academischen Feier des Geburtstagsfestes Sr. Majestät des Kaisers und Königs Wilhelm I., gehalten am 22. März 1878, in Ebenda, S. 917–937.
KEKULÉ, A.: Rede von August Kekulé, gehalten bei der ihm zu Ehren veranstalteten Feier der Deutschen Chemischen Gesellschaft im großen Saal des Rathauses der Stadt Berlin am 11. März 1890, in: Ebenda, S. 937–947.

[2] BLOCH, M.: Über einige Gesetzmäßigkeiten im Schaffen hervorragender Chemiker, Berlin 1931, S. 50.

Karlheinz Lohs

150 Jahre Wöhlersche Harnstoff-Synthese

1832, in seinem Sterbejahr, schrieb Goethe an den Jenenser Chemiker Wackenroder: „Es interessiert mich höchlich, inwiefern es möglich sei, der organisch-chemischen Operation des Lebens beizukommen, durch welche die Metamorphose der Pflanzen ... auf die mannigfältigste Weise bewirkt wird" [1].

Es ist nicht bekannt, ob Goethe in seinen letzten Jahren von Friedrich Wöhlers 1828 gemachter fundamentaler Entdeckung der Harnstoffsynthese Kenntnis erhalten und ob ihm die Tragweite dieser organisch-chemischen Operation von einem seiner zahlreichen Bekannten aus dem Bereich der Naturwissenschaften erläutert wurde. Wenn es im „Faust" von der Natur heißt: „... und was sie sonst organisieren ließ, das lassen wir krystallisieren", so klingt da wohl ein Bezug auf neue Erkenntnisse seiner Zeit an, aber es ist wohl mehr Vermutung als Beweis, wenn Johannes Valentin schreibt: „Der Altmeister Goethe, der damals an dem zweiten Teil seiner Fausttragödie arbeitete, hat in seiner Homunculusszene, wohl auch unter dem Einfluß der Synthese des Harnstoffs, diesen Gedankengängen künstlerischen Ausdruck verliehen" [2]. Tatsache ist jedoch, daß das, was Goethe als ein Wunsch vorschwebte und was zum Arbeitsprogramm der organischen Chemie der zurückliegenden 150 Jahre geworden ist, mit der Harnstoffsynthese Wöhlers seinen Anfang genommen hat. Eine Würdigung der Harnstoffsynthese ist daher immer auch zugleich eine Würdigung Friedrich Wöhlers, der – korrespondierendes Mitglied unserer Akademie seit dem 20. Juni 1833, gewähltes auswärtiges Mitglied seit dem 26. Juli 1855 – nur eine Querstraße vom jetzigen Sitz der Akademie der Wissenschaften entfernt in seinen Berliner Jahren von 1825–1831 in der Niederwallstraße arbeitete. Die erste Mitteilung über den geglückten Versuch der Synthese des Harnstoffs findet sich in einem am 22. Februar 1828 geschriebenen Brief von Wöhler an seinen Freund und Lehrer Jöns Jakob Berzelius in Stockholm. Es ist durchaus berechtigt, mit diesem Datum den Beginn des Zeitalters der organischen Synthesechemie zu verbinden.

Zunächst scheinen aber Wöhler vor der Tragweite seiner Folgerungen selbst noch Zweifel gekommen sein, denn im besagten Brief an Berzelius steht am Schluß der Satz: „Diese künstliche Bildung von Harnstoff, kann man sie als ein Beispiel von Bildung einer organischen Substanz aus unorganischen Stoffen betrachten?“ [3] Noch im gleichen Jahr erscheint die Arbeit von Wöhler in den Annalen der Physik [4].

Eigentlich war durch Wöhlers Entdeckung schon die Einheitlichkeit der Chemie geschaffen worden, und ihre Einteilung in eine anorganische und eine organische Richtung – formal bis heute beibehalten – galt von da an nur noch als ein Hilfsmittel der Systematisierung, wenngleich aus heutiger Sicht der große Durchbruch zur organischen Chemie unserer Tage erst mit der Kolbeschen Essigsäure-Synthese 1845 erfolgt ist (hierbei sei in Erinnerung gerufen, daß Kolbe ein Schüler von Wöhler war).

Es waren schon viel früher „natürliche Stoffe“ auf synthetischem Wege gewonnen worden, wie z.B. das Zyankali 1782 von Scheele, welches vor ihm nur aus dem Blut von Tieren hergestellt worden war und nun durch Scheele aus drei mineralischen Komponenten gewonnen wurde (Kohle, Pottasche, Salmiak). Desfosses hat anschließend die gleiche Verbindung sogar aus Stickstoff, Kohle und Pottasche synthetisiert. Eine organische Synthese vollzog Proust bereits 1803 mit der Zersetzung der Eisencarbide zu Kohlenwasserstoffen. Auch Wöhler selbst hatte 1822 mit der Synthese der Oxalsäure schon vor seiner Harnstoffsynthese den Beweis für eine „Naturstoff“-Synthese geliefert, aber diese Konsequenzen wurden damals nicht erfaßt.

Als Carl Schorlemmer vor fast einhundert Jahren, nämlich 1879, sein bedeutendes Buch „Der Ursprung und die Entwicklung der organischen Chemie“ veröffentlichte, da würdigte er zwar die Entdeckung Wöhlers, wandte sich jedoch dagegen, in dieser Entdeckung die Synthese einer organischen Verbindung zu sehen, „da es zu der Zeit noch nicht gelungen war, Cyanverbindungen direkt aus ihren Elementen darzustellen“ [5]. So sieht Schorlemmer in seinem Buch den Beginn der organischen Synthesechemie erst in der vorstehend schon diesbezüglich erwähnten Essigsäure-Synthese von Kolbe.

Paul Walden schrieb 1928 aus Anlaß des 100jährigen „Harnstoffjubiläums“: „Die Wöhlersche Synthese ist ja eine Tat, die nicht allein die chemischen Spezialisten interessiert, sie ist ein reizvolles Schulbeispiel für die Biologie von Entdeckungen überhaupt, eine Illustration des Wechselspiels zwischen Theorie, Zufall und Praxis, zwischen bewußt Erstrebtem und ungewollt Erreichtem. Sie zeigt den eigenartigen mühevollen Lebensweg der neuartigen wissenschaftlichen Erkenntnisse. In ihren praktischen Auswirkungen zeigt diese Synthese die Macht der Summation kleinster Faktoren, die allendlich und zwangsläufig zu den größten Endergebnissen, zu Neubildungen in der Weltanschauung, Weltkultur und Weltwirtschaft hinführen“ [6]. So treffend hier Walden die Bedeutung der Harnstoffsynthese charakterisiert, so peinlich wirkt – aus heutiger Sicht – im gleichen Vortrag die Deutschtümelei, wenn er glaubt fragen zu müssen: „Wurde diese eine Synthese nicht das geistige Rückgrat der künstlichen organischen Synthesen in Wissenschaft und Technik und damit die historische Begründerin der *Führerstellung* des deutschen chemischen Genius?“ [7]

Wöhler war – wie seine Zeitgenossen ihn schilderten und wie er sich selbst in seinen vielfältigen Lebenszeugnissen (erinnert sei nur an seine Briefwechsel mit J. Berzelius oder mit J. Liebig) darstellt – ein Mann, der vom Internationalismus seiner Wissenschaft durchdrungen gewesen ist und der wohl jeder irgendwie gearteten Ableitung einer Führerstellung des deutschen Genius voller Befremden gegenübergestanden hätte.

Es war nur zu verständlich, daß die wissenschaftliche Welt schon bald nach Wöhlers Veröffentlichung große Erwartungen an das Leistungsvermögen der „synthetischen Chemie" geknüpft hat. Viele dieser hochgespannten Erwartungen zur Synthese von Naturstoffen sind seither erfüllt und überboten worden, wenn auch in der Euphorie der organischen „Synthesefreuden" gelegentlich vorschnelle Ziele angesteuert wurden, wie dies die Preisfrage der Königlich Preußischen Akademie der Wissenschaften aus dem Jahre 1870 belegt. Sie wollte damals bereits die synthetische Erzeugung der pflanzlichen Alkaloide anregen und schrieb: „Die Akademie glaubt, daß der Zeitpunkt für die Lösung dieser Aufgabe gekommen ist und sie bietet einen Preis von 100 Dukaten für die Synthese des Chinins, Chinchonins, Strychnins, Brucins oder Morphins" [8].

Adolf von Baeyer führte vor einhundert Jahren in seiner Festrede zur öffentlichen Sitzung der Königlich-Bayerischen Akademie der Wissenschaften am 25. Juli 1878 zur Wöhlerschen Leistung folgendes aus: „Konnte man den Harnstoff künstlich darstellen, so gab es keine Schranke mehr zwischen organischer und unorganischer Welt und mit frohem Erstaunen sah man der experimentellen Forschung die Möglichkeit eröffnet, die zahllosen Stoffe des Pflanzen- und Tierreiches künstlich darzustellen, vielleicht sogar – wenn auch nur in späterer Zukunft – das große Rätsel zu lösen, welches wir Leben nennen." Baeyer spricht in diesem Zusammenhang von einem „Wendepunkt in der Geschichte menschlichen Wissens" [9].

Als zur Jahrhundertwende auf der 72. Versammlung der Deutschen Naturforscher und Ärzte in Aachen der berühmte Berliner Anatom Oscar Hertwig in seinem Festvortrag „Die Entwicklung der Biologie im 19. Jahrhundert" [10] Wöhlers große Entdeckung würdigt, geht er auch auf die weltanschaulich-naturwissenschaftlichen Konsequenzen der Harnstoffsynthese von 1828 ein, denn sie habe „zum ersten Mal die vitalistische Irrlehre erschüttert und dazu geführt, daß man jetzt kühn sich mit der Hoffnung tragen (darf), daß dereinst der Chemie wohl auch die Synthese des kompliziertesten aller organischen Stoffe, des Eiweißes, auf künstlichem Wege gelingen wird". In ganz ähnlicher Weise hatte sich bereits 1886 Friedrich Engels in seinen „Feuerbach-Studien" geäußert; in den in die „Dialektik der Natur" aufgenommenen Notizen und Fragmenten „Aus der Geschichte der Wissenschaft" schreibt er u.a.: „Nur eines bleibt hier noch zu tun: die Entstehung des Lebens aus der unorganischen Natur zu erklären. Das heißt auf der heutigen Stufe der Wissenschaft nichts anderes als: Eiweißkörper aus unorganischen Stoffen herzustellen. Dieser Aufgabe rückt die Chemie immer näher." Es spricht für die realistische Betrachtungsweise eines so umfassenden Kenners der Fortschritte der damaligen Naturwissenschaft, wie es ENGELS gewesen ist, daß er fortfährt: „Sie ist noch weit von ihr entfernt. Wenn wir aber bedenken, daß erst 1828 der erste organische Körper, der Harnstoff, von WÖHLER aus unorganischem Material dargestellt wurde, und wie unzählige sogenannte organische Zusammensetzungen jetzt künstlich ohne irgendwelche organischen Stoffe dargestellt werden, werden wir der Chemie kein „HALT!" vor dem Eiweiß gebieten wollen. Bis jetzt kann sie jeden organischen Stoff darstellen, dessen Zusammensetzung sie kennt. Sobald die Zusammensetzung der Eiweißkörper einmal bekannt ist, wird sie an die Herstellung von lebendigem Eiweiß gehen können. Daß sie aber von heute auf morgen das leisten soll, was der Natur selbst unter sehr günstigen Umständen auf einzelnen Weltkörpern nach Millionen Jahren gelingt – das hieße, ein Wunder verlangen" [11].

Um die weltanschauliche Tragweite der WÖHLERschen Harnstoffsynthese zu ermessen, muß man sich ein Bild von der ins 19. Jahrhundert hineinwirkenden Vitalismuslehre machen. Als Sammler chemiehistorischer Darstellungen bin ich glücklicher Besitzer eines schmalen Bändchens von Victor MEYER aus dem Jahre 1892, betitelt „Aus Natur und Wissenschaft – Wanderblätter und Skizzen". Darin gibt Victor MEYER eine sehr bemerkenswerte Darstellung zur Überwindung der vitalistischen Irrlehre durch die Harnstoffsynthese WÖHLERS.

„Man weiß, daß der unwissenschaftliche Begriff der Lebenskraft weit über den Anfang unseres Jahrhunderts hinaus in der Naturforschung herrschend war. Während man alles Mineralische als unter dem Einfluß der Naturgesetze stehend ansah, glaubte man, daß das Gebiet des Organisirten, das Pflanzen- und Thierreich, der Herrschaft einer geheimnißvollen Macht unterliege, welche, weil allein sie Lebendes zu bilden vermöchte, eben jenen Namen der Lebenskraft erhielt. Speciell für die Wissenschaft WÖHLER's hatte diese Anschauung zur Folge, daß die sogenannte ‚organische' Chemie als von der ‚unorganischen' specifisch verschieden angesehen wurde. Denn während in dieser die Naturkräfte herrschten, sollte jene dem Gebote der Lebenskraft unterthan sein. In der Tat widersprachen einer solchen Eintheilung die damaligen Erfahrungen nicht. Es war den Chemikern schon längst gelungen, die Bestandtheile der Gesteine und selbst complicirte mineralische Verbindungen künstlich darzustellen, niemals aber war ein Product des pflanzlichen oder thierischen Lebensprocesses unter den glücklichen Händen eines Experimentators durch Synthese erstanden. Da erscheint im Jahre 1828 WÖHLER's ruhmvolle Entdeckung: die künstliche Darstellung des Harnstoffes. Es war ihm gelungen, das wichtigste Umsetzungsproduct des menschlichen Stoffwechsels, einen Körper, den zu bilden bisher allein unser Organismus befähigt schien und den man nur aus animalischen Secreten hatte gewinnen können, künstlich aus seinen Elementen: Kohlenstoff, Wasserstoff, Sauerstoff und Stickstoff, aufzubauen. Die Theorie von der Lebenskraft – ohnedies unvereinbar mit dem später zur Erkenntnis gelangten Princip von der Erhaltung der Energie – war durch WÖHLER's denkwürdigen Fund thatsächlich widerlegt: der glänzendste Beweis für die Unumschränktheit des chemischen Könnens war erbracht und der Name WÖHLER's durch eine Entdeckung geziert, die nicht nur für die Naturwissenschaft, sondern für die gesammte Culturgeschichte epochemachend sein mußte.“ [12]

Friedrich ENGELS nennt in seiner „Dialektik der Natur“ diese Lehre von der Lebenskraft ein „letztes Refugium aller Supernaturalisten“ [13]. WÖHLER selbst hat sich in dem Streit um den Vitalismus nicht zu Wort gemeldet. WALDEN bemerkt hierzu: „WÖHLER war ein lachender, chemischer Philosoph und keine streitbare Natur, er war dessen bewußt, daß seine Entdeckung und deren Deutung philosophisch unsinnig und vom chemischen Standpunkt ketzerisch war. ... WÖHLER verzichtete auf den Ruhm bei der Mitwelt, und indem er die Zeit für sich arbeiten ließ, wurde ihm der Ruhm bei der Nachwelt freiwillig dargeboten“ [14].

Doch zurück zur Harnstoffsynthese. Der Harnstoff war 1724, also über einhundert Jahre vor WÖHLER, von H. BOERHAAVE im Urin entdeckt und hierüber 1732 publiziert worden [15]. Diese Entdeckung geriet zunächst in Vergessenheit, so daß es der Wiederentdeckung von H. M. ROUELLE 1773 bedurfte [16]. (Siehe hierzu auch den Nachtrag am Schluß dieses Beitrages.) In den folgenden Jahren bemühte sich A. F. de FOURCROY und L. N. VAUQUELIN um die Reindarstellung [17] und W. PROUT um die analytische Charakterisierung [18]. Eigentlich hatte bereits 1811 John DAVY, ein Bruder von Sir Humphrey DAVY, den synthetischen Harnstoff in den Händen, als er Phosgen mit Ammoniak umsetzte [19]; er konnte allerdings die Substanz nur beschreiben, nicht jedoch identifizieren. Aber auch WÖHLER hatte die Harnstoffsynthese eigentlich schon einige Jahre früher erschlossen. Hierauf wies W. H. WARREN von der Universität Worcester/USA in einer Zuschrift an die Deutsche Chemische Gesellschaft 1928 hin [20]. 1823 führte WÖHLER während seines Stockholmer Aufenthaltes bei BERZELIUS Untersuchungen durch, über die er in der Zeitschrift der Schwedischen Akademie der Wissenschaften unter der Überschrift „Om nagra föreningar af Cyans“ berichtete [21]. Er spricht hier sein Syntheseprodukt noch als „eine eigenthümliche krystallisirte Materie, die aber kein cyansaures Ammoniak zu seyn scheint“ an; erst nachdem er diesen Versuch in den folgenden Jahren noch mehrmals wiederholte, hat er sich die erforderliche Klarheit verschafft und die Resultate in der eingangs erwähnten Arbeit publiziert. Aus unserer heutigen Sicht gesehen könnte man sagen, daß damals WÖHLER eine Tür aufgestoßen hat, durch die er selbst erst viel später gegangen ist. Liest man in den damaligen Publikationen oder in den Briefen WÖHLERS, BERZELIUS oder LIEBIGS noch einmal nach, wie die Zeitgenossen die Harnstoffsynthese sahen, so wird man an den gedankenreichen Ausspruch von GOETHE erinnert: „Das Beste, was die Wissenschaft geben kann, ist der Enthusiasmus, den sie erregt.“

Was nun die technische Umsetzung der Harnstoffsynthese betrifft, so war allerdings noch lange nicht daran zu denken. Der von WÖHLER benutzte Syntheseweg der Harnstoffherstellung aus Ammoniumcyanat erwies sich zwar als eine geeignete Laboratoriumsmethode, aber ihre Übertragung in technische Dimensionen war nicht durchführbar. Die erste technische Darstellung des Harnstoffs geht auf das Jahr 1870 zurück. Der bekannte Leipziger Chemiker H. KOLBE, von dem der bibelbezogene Ausspruch stammt: „WÖHLER ging aus, ein Eselein zu suchen, und fand ein Königreich", gab seinem Schüler A. BASAROFF die Anregung zur Harnstoffsynthese aus Ammoniak und Kohlendioxid über die Stufe des Ammoniumcarbaminats

$$2\,NH_3 + CO_2 \rightarrow NH_2COONH_4$$

$$NH_2COONH_4 \leftrightarrows (NH_2)_2CO + H_2O.$$

Es dauerte noch fünfzig Jahre, bis die erste technische Harnstoffherstellung in der Industrie verwirklicht werden kann. 1914 nimmt die BASF in Oppau die Großversuche zur technischen Herstellung auf. Es bedurfte allerdings noch erheblicher verfahrenstechnischer Entwicklung, bis dann das sogenannte „Heißgas-Kreislauf-Verfahren" 1920 in der BASF durch Wilhelm MEISER zur technischen Reife ausgebaut und die Produktion auf dieser Basis Ende 1922 aufgenommen werden konnte [22]. Dieses Verfahren bewährte sich über Jahrzehnte, wurde dann aber beim Bau einer neuen 300000 Jahrestonnen-Anlage der BASF 1968 durch das Verfahren der japanischen Mitsui Toatsu Chemicals, Inc. ersetzt [23]. Bereits am 21. 5. 1932 konnte Carl BOSCH in seinem Nobelpreis-Vortrag die Bilanz ziehen, daß auf Basis der BASF-Patente (DRP 295075 von 1915, DRP 301279 von 1916 u.w.) in Oppau etwa 40000 t Harnstoff jährlich hergestellt wurden [24]. Man versprach sich damals vor allem vom Harnstoffeinsatz als Düngemittel in den Tropen und Subtropen sehr viel [25], was aus der betriebswirtschaftlichen Sicht dieser Jahre sowohl unter dem Aspekt der verlorenen Kolonien als auch dem Verbot der Sprengstoffproduktion und damit der Erschließung neuer „Stickstoffmärkte" verstanden werden muß. Der BASF folgen 1932 die DU PONT in Belle (USA) und 1935 ICI in Billingham (GB). Später kommen weitere Produktionsstätten in den USA und Japan hinzu. Seit wenigen Jahren ist auch in der DDR die vormals geringe Produktion von Harnstoff in den Leuna-Werken durch eine Harnstoffgroßproduktion im VEB Stickstoffwerk Piesteritz auf eine Million Jahrestonnen erweitert worden. Die Weltproduktion für Harnstoff stieg etwa ab 1950 ganz erheblich an; sie erreichte 1959 2 Millionen Tonnen, 1973 waren es weltweit 18 Millionen Tonnen, und inzwischen ist die 30-Millionen-Tonnen-Grenze erreicht worden.

Wir können hier nicht auf die wachsende Bedeutung des Harnstoffs für die Landwirtschaft eingehen; es gibt hierzu gute Übersichtsartikel in der Fachliteratur [26].

Inzwischen ist die Bedeutung des Harnstoffs nicht mehr nur auf den Düngemittelsektor begrenzt, denn Harnstoffderivate finden auch als Futterhilfsmittel, als Herbizide, als Bodenverbesserungsmittel oder als torfähnliches Substrat, ebenso aber auch in der Technik zur Herstellung von Leimen und Harzen sowie als Zwischenprodukte für Pharmaka Verwendung. Hinsichtlich der unerwarteten technischen Einsatzmöglichkeiten des Harnstoffs sei hier nur noch an die Entdeckung des Frankfurter Chemikers Friedrich BENGEN erinnert, der 1938/39 als erster auf die Fähigkeit des Harnstoffs stieß, mit geradkettigen Alkoholen Fettsäuren und mit Kohlenwasserstoffen Molekülverbindungen zu bilden. Wilhelm SCHLENK jr. und Friedrich CRAMER haben diese „Addukte" dann näher untersucht und mit diesen Harnstoff-Einschlußverbindungen wissenschaftlich und technisch neue Einsatzgebiete des Harnstoffs für analytische und präparative Zwecke eröffnet. So kann man technisch beispielsweise Spindelöl mittels Harnstoff entparaffinieren und aus Kohlenwasserstoff-Fraktionen ein Paraffin hoher Qualität gewinnen, welches ausschließlich gerade Ketten enthält und für die Herstellung biologisch abbaubarer Waschmittel die Grundlage bildet.

Angesichts dieser vielfältigen technischen Nutzungen des Harnstoffs kann man es fast als ein Kuriosum betrachten, daß die Diskussion über den Reaktionsmechanismus der Umwandlung von Ammoniumcyanat in Harnstoff nunmehr 80 Jahre andauert und noch immer nicht abgeschlossen ist, weil die Entscheidung zwischem einem ionischen Mechanismus und einem molekularen Mechanismus mit den verfügbaren kinetischen Methoden anscheinend keine Klärung liefert [27].

Es kann an dieser Stelle auf die sich stürmisch entwickelnde Chemie des Harnstoffs und seiner Derivate nur hingewiesen werden.

Hier sei lediglich noch angemerkt, daß auch für die kommenden Jahrzehnte die Hauptbedeutung des Harnstoffs auf dem Düngemittelgebiet liegen wird, denn die Industrienationen werden wohl noch für lange Zeit die wichtigsten, weil effektivsten Erzeuger von Grundnahrungsmitteln bleiben und damit die Frage nach dem „täglichen Brot" für die explosionsartig anwachsende, sich bis zum Jahre 2000 nahezu verdoppelnde Erdbevölkerung zu beantworten haben.

Angesichts derart gewaltiger Vorhaben und so beeindruckender technischer Lösungswege sollte man sich mehr als in unserer hektischen Zeit üblich der Bahnbrecher wie WÖHLER und LIEBIG sowie der vielen Wegbereiter bewußt bleiben, die im Laboratorium und Technikum, auf dem Versuchsfeld und im Gewächshaus in Stille und Bescheidenheit für diese Triumphe der Chemie gewirkt haben. Es ist hier der Ort, darauf aufmerksam zu machen, daß eine mit der Harnstoff-Düngung eng verknüpfte Frage, nämlich die Möglichkeit der Ammoniumaufnahme der Pflanze, von unserem Mitglied Kurt MOTHES – und unabhängig davon in der Sowjetunion von PRIANISCHNIKOW sowie von Mitarbeitern des Biolaboratoriums der BASF – mit Hilfe der Methode der fließenden Wasserkultur bei konstantem pH-Wert endgültig geklärt und damit ein jahrzehntelang andauernder wissenschaftlicher Streit beendet werden konnte [28].

Für WÖHLER waren alle diese Entwicklungen natürlich nicht vorauszusehen, obwohl er in seinen späteren Lebensjahren noch vielfältige Ehrungen, ja regelrechte Huldigungen für seine Harnstoffsynthese entgegennehmen konnte. Hierzu sei abschließend noch eine bezeichnende Begebenheit aus dem schon erwähnten Buch von Victor MEYER angeführt; er schreibt:

„Als ich im Sommer des Jahres 1878 in Zürich gelegentlich meiner Vorlesungen über organische Chemie ausführlich über jene Entdeckung sprach, kam es mir in den Sinn, daß nun gerade 50 Jahre seit dem synthetischen Funde WÖHLER's verflossen seien, und ich machte meine Zuhörer auf dies eigenartige Jubiläum aufmerksam. Die Folge war, daß diese alsbald nach Schluß der Vorlesung ein mit zahlreichen Unterschriften bedecktes Glückwunsch-Telegramm nach Göttingen sandten, in welchem sie dem greisen Forscher die Empfindungen zum Ausdruck brachten, die auch sie, als seine indirecten Schüler, gegen ihn hegten. Als Antwort traf nach wenigen Tagen das folgende Schreiben ein:

Göttingen, 26. Juni 1878

Hochverehrter Herr College!

Sie haben mir die Ehre erwiesen, in Ihrer Vorlesung meiner zu gedenken, und haben das Interesse an dem Gegenstande Ihres Vortrages bei Ihren Zuhörern so lebendig zu erregen verstanden, daß dieselben veranlaßt wurden, durch ein in liebenswürdigster Form abgefaßtes Telegramm mir ihre Glückwünsche zu dem fünfzigjährigen Jubiläum der künstlichen Bildung des Harnstoffs darzubringen. Ich bitte Sie, Ihren Herren Zuhörern für diese überaus freundliche Aufmerksamkeit meinen wärmsten Dank ausdrücken zu wollen und ihnen zu sagen, daß sie mich doppelt erfreut hat als ein Zeichen, daß ein alter Chemiker, dessen Kräfte nicht mehr gestatten, sich an dem weiteren Aufbau der Wissenschaft selbst noch zu betheiligen, von der jüngeren Generation nicht ganz vergessen ist, an deren raschen Fortschritten und wundervollen Erfolgen er aber immer noch seine Freude hat, gleich dem alten Fuhrmann, der selbst nicht mehr fahren kann, aber das lustige Peitschenknallen der Jüngeren noch gerne hören mag. Mit vorzüglicher Hochachtung Ihr ganz ergebenster Wöhler" [29].

Victor MEYER, der in seinen Erinnerungen an Friedrich WÖHLER dessen Freundschaft und Zusammenwirken mit Justus von LIEBIG mit dem Verhältnis von GOETHE und SCHILLER verglichen hat, faßt seine Hochachtung und wohl auch die der damaligen Chemikergeneration vor dem Lebenswerk Friedrich WÖHLERS in die schönen und bleibenden Worte zusammen:

„Als WÖHLER vor nunmehr 9 Jahren 82 Jahre alt, sein thatenreiches Leben beschloß, wurden zwar die Fernerstehenden weniger erschüttert, als beim Tode LIEBIG's, aber in der wissenschaftlichen Welt erweckte sein Scheiden das schmerzliche Bewußtsein, daß ein Verlust erlitten worden, der nicht ausgeglichen werden kann, daß eine eigengeartete Natur, wie sie nicht wieder erstehen wird, dahingegangen ist. Nicht nur einen der größten Entdecker aller

Zeiten, sondern zugleich den anspruchlosesten Mann, den bescheidensten Gelehrten, den hülfreichsten Menschen hatten wir in ihm verloren, in That und Wahrheit das Musterbild eines deutschen Lehrers und Forschers" [30].

Mit diesem Zitat sei die Würdigung des Lebenswerkes von Friedrich WÖHLER beschlossen. Weder er selbst noch seine Zeitgenossen konnten ahnen, daß mit dem Anbruch des industriellen Zeitalters der Harnstoff zu einem großtechnischen Schlüsselprodukt ersten Ranges werden sollte und daß mit der Entwicklung der modernen Biochemie in unserem Jahrhundert der Harnstoff den Mittelpunkt großangelegter Forschungsprogramme bildete. So reicht die Geschichte des Harnstoffs noch weit über seine Entdeckung, seine chemische Charakterisierung und seine Synthese hinaus. Erst zweihundert Jahre nach den Untersuchungen von BOERHAAVE und einhundert Jahre nach den Arbeiten von WÖHLER gelang es H. KREBS und K. HENSELEIT 1932 den Stoffwechsel des Harnstoffs und damit seine Biosynthese zu enträtseln und als ersten Stoffwechselzyklus überhaupt den Harnstoffzyklus aufzustellen [31]. Ihren eigentlichen Abschluß fanden dann diese Arbeiten zur Biosynthese des Harnstoffs 1955 mit der Publikation von Mary E. JONES, L. SPECTOR und F. LIPMANN über die Entdeckung des Carbamylphosphats als Zwischenprodukt der Citrullinsynthese aus Ornithin und Ammoniak [32]. Die Geschichte der Harnstoffbiosynthese ist unlängst von K.-G. COLLATZ eindrucksvoll dargestellt worden [33].

Mag es sich gegenwärtig auch so darstellen, daß die Geschichte des Harnstoffs nunmehr zu einem gewissen Abschluß gekommen ist, so werden die Derivate des Harnstoffs sicherlich noch manches weitere Kapitel in der Chemiegeschichte schreiben. Ob es die Polymerenchemie oder die Agrochemie sein werden, die mit neuen Harnstoffderivaten aufwarten, kann nicht vorhergesagt werden. Möglicherweise sind es aber auch ganz neuartige Einsatzgebiete für Harnstoffderivate im Bereich der Medizin, wie sie gerade in diesem „Harnstoff-Jubiläumsjahr" – ausgehend von Versuchen mit N-(2-Cyanäthylen)-harnstoff – von M. v. ARDENNE und seinen Mitarbeitern im Rahmen ihres Krebs-Mehrschritt-Therapiekonzeptes durchgeführt werden [34]. Es kann abschließend hier nur noch einmal auf die Darlegungen von P. WALDEN zur Biologie von Entdeckungen nachdrücklich verwiesen werden [6].

Nachtrag

In einem Friedrich-Wöhler-Festkolloquium der Sektion Chemie der Humboldt-Universität, Berlin, des Forschungsbereiches Chemie der AdW der DDR, der Sektion Chemie beim Präsidium der URANIA und der Chemischen Gesellschaft der DDR hat am 9. 11. 1978 D. MARTIN das Wirken Friedrich WÖHLERS im Zusammenhang mit dem Jubiläum der Harnstoff-Synthese gewürdigt und zahlreiche biographische Details aus WÖHLERS Schaffen dargelegt, die es verdienen, der Nachwelt in Erinnerung gehalten zu werden (eine stark gekürzte

Fassung der Ausführungen von D. MARTIN erschien inzwischen in URANIA 54, Heft 11, 1978, S. 44–47).

In dem soeben erschienenen Neudruck des Buches von Carl SCHORLEMMER „Der Ursprung und die Entwicklung der organischen Chemie" in der Reihe „Ostwalds Klassiker der exakten Wissenschaften" (Akademische Verlagsgesellschaft Geest und Portig K-G, Leipzig, 1979) schreiben in einer Einleitung zu diesem Buch Ch. DUSCHEK und G. FUCHS zu der in diesem Vortrag bereits erwähnten Haltung SCHORLEMMERS zur WÖHLERschen Harnstoffsynthese:

„Ein besonders anschauliches Beispiel ist seine Darstellung der 1828 von Wöhler entdeckten Harnstoffsynthese. Im Unterschied zu heute zum Teil noch anzutreffenden Meinungen stellt Schorlemmer eindeutig fest, daß diese Synthese damals 1828 den Glauben an die Lebenskraft nicht erschüttern konnte, weil sie vereinzelt dastand, weil Harnstoff auf der Grenzlinie zwischen Anorganischem und Organischem gesehen wurde und weil angenommen wurde, daß kompliziertere organische Verbindungen der pflanzlichen und tierischen Körper, die damals noch die organische Chemie abhandelte, synthetisch nicht herstellbar seien. Er fügt hinzu, daß heute, 50 Jahre später, der Glaube an die Lebenskraft verschwunden sei, weil wir wissen, ‚daß dieselben chemischen Gesetze in der lebenden und leblosen Natur herrschen. Sobald die Konstitution einer in der organischen Welt erzeugten Verbindung richtig erkannt ist, kann man sie auch künstlich im Laboratorium darstellen' (S. 66) [1]. Dieses Zitat unterstreicht, wie Schorlemmer, der Wahrheit treubleibend, das Verständnis der Wöhlerschen Entdeckung und der weiteren Auseinandersetzung mit dieser Problematik, die auch den Gegenstand der Chemie betrafen, fördert und so einen Beitrag zur Widerlegung des philosophischen Agnostizismus leistet."[1]

Das Jubiläumsjahr der Harnstoff-Synthese gibt erneut Anlaß, die Frage nach dem „Geburtstag der organischen Chemie" zu stellen und sich dabei auch kritisch mit der wissenschafts-historischen Einordnung der Leistung von WÖHLER zu befassen; als ein Beispiel der in unseren Tagen geführten Diskussion hierüber sei auf die Veröffentlichung von O. T. BENFEY und G. B. KAUFFMAN verwiesen (J. College Sc. Teach. 8, Nr. 3, 1979, S. 148–151).

Anmerkung

1 Vgl. ZOTT, R.: Justus von Liebig und seine Reflexionen über das Lebenskraft-Problem. Dtsch. Z. Phil. **26** (1978) S. 59.

Literatur

[1] WALDEN, P.: Geschichte der organischen Chemie seit 1880, 2. Bd. zu Graebe, C.: Geschichte der organischen Chemie, Berlin 1941, S. 34.

[2] VALENTIN, J.: Friedrich Wöhler, Bd. 7 der Reihe Große Naturforscher, Stuttgart 1949, S. 65.
[3] WÖHLER, F.: zit. bei NEUFELD, S.: Chronologie Chemie 1880–1970, Weinheim 1977, S. 257.
[4] WÖHLER, F.: Ann. Physik **12** (1828), S. 253–256.
[5] SCHORLEMMER, C.: The Rise and Development of Organic Chemistra, Manchester und London 1879, deutsche Ausgabe, Braunschweig 1889.
[6] WALDEN, P.: Naturwissenschaften **16** (1928), S. 835.
[7] WALDEN, P.: Ebenda, S. 836.
[8] Siehe [1], S. 35.
[9] BAEYER, A.: Festrede, Verlag der Königlich Bayerischen Akademie, München 1878.
[10] Verhandlungen d. Gesellschaft. deutsch. Naturforscher und Ärzte, 72. Versammlung, Aachen 1900, Teil 1 (1901), S. 41–58.
[11] ENGELS, F.: Dialektik der Natur. In: Marx/Engels, Werke, Bd. 2, Berlin.
[12] MEYER, V.: Aus Natur und Wissenschaft – Wanderblätter und Skizzen, Heidelberg 1892, S. 120–121.
[13] ENGELS, F.: Siehe [9], S. 302.
[14] WALDEN, P.: Siehe [5], S. 837.
[15] BOERHAAVE, H.: Elementa Chimiae, Leyden 1732.
[16] ROULLE, H. M.: J. Med. Chir. Parm. **40** (1773), S. 451.
[17] FOURCLOY, A. F. de und L. N. VAUQUELIN: Ann. Chim. Phys. (Paris) **32** (1800), S. 80.
[18] PROUT, W.: Ann. Phil. (T. Thomson) **11** (1818), 352 sowie
PROUT, W.: Ann. Chim. Phys. (Paris) **10** (1819), S. 369.
[19] DAVY, J.: Phil. Trans. Royal Soc. (London) **102** (1812), S. 144.
DAVY, J.: J. Chem. Physik (J. Schweigger) **9** (1813), S. 199.
[20] WARREN, W. H.: Ber. dtsch. chem. Gesellschaft **61** (1928), S. A 3.
[21] WÖHLER, F.: Kongl. Vetenskaps Akademiens Handlager, 1824, S. 328.
[22] NAGEL, A. v.: Stickstoff, Schriftenreihe des Firmenarchivs der Badischen Anilin- und Soda-Fabrik AG. Bd. **3**, Ludwigshafen 1970.
[23] LÜTZOW, D.: Die BASF **23** (1973), S. 54–59, vgl. auch Ullmanns Encyklopädie der technischen Chemie, 3. Aufl., Bd. **8** (1977), S. 380–388 sowie Bd. **6**, S. 120 und Bd. **7**, S. 743.
[24] BOSCH, C.: Zit. in [1], S. 848.
[25] TRENKEL, M.: Die BASF **32** (1973), S. 70–75.
[26] JÜRGENS-GSCHWIND, S.: Die BASF **23** (1973), S. 60–69.
[27] SHORTER, I.: Chem. Soc. Rev. **7** (1978), S. 1–14.
[28] METZGER, H.: Die BASF **16** (1966), S. 174–181.
[29] MEYER, V.: Siehe [10], S. 120–121.
[30] MEYER, V.: Siehe [10], S. 117–118.
[31] KREBS, H. und K. HENSELEIT: Hoppe-Seylers Z. physiol. Chem. **210** (1932), S. 33.
[32] JONES, M. E., L. SPECTOR und F. LIPMANN: J. Am. Chem. Soc. **77** (1955), S. 819.
[33] COLLATZ, K.-G.: Naturwiss. Rdsch. **29** (1976), H. 7, S. 224.
[34] ARDENNE, M. v.: Ein glückliches Leben für Technik und Forschung, Nachwort zur 5. Auflage, Berlin 1978.

MIX
Papier | Fördert
gute Waldnutzung
FSC® C083411

Zeitfracht Medien GmbH
Ferdinand-Jühlke-Straße 7
99095 Erfurt, Deutschland
produktsicherheit@kolibri360.de